기본 수질화학

이동석 著

 21세기사

물은 생물체에서 뿐 아니라 다양한 지구 조성 물질에 지배적인 용매로 작용한다. 거의 모든 지질 작용이나 생태계의 물질들이 상호 작용하는 중심에는 물이 있다. 물의 작용으로 생물체가 생명을 지속하고, 지구 규모의 에너지 이동이나 물질 교환이 일어나 지구 환경이 유지된다. 이것은 수질 화학 반응의 평형 상태가 조성된 것이라고 할 수 있다.

물은 수소 원자 두 개와 산소 원자 하나가 화학적으로 결합한 H_2O 분자 물질이다. 이 분자는 독특한 특성들, 쌍극자 모멘트, 찌그러진 정사면체 구조 그리고 분자 간 수소결합으로 인하여 주기율표의 이웃 원소 화합물들과는 다른 특이한 성질을 갖고 있다. 수질 화학은 이 물이 관여하는 화학 반응을 다룬다.

환경 중의 물에는 이온 화합물이나 기체 혹은 친수성 유기 물질 뿐 아니라 물에 불용성이라고 여겨지는 화합물까지 거의 모든 물질이 들어 있다. 따라서 지구 환경 중에 순수한 상태의 물은 없다고 볼 수 있다. 지구상의 물은 순환 현상에 따라 바다, 대기, 육지, 호소, 강 등 여러 곳에 분포되어 있다. 그 근원에 따라 물에는 수많은 물질이 다양한 농도로 들어있다.

이 책에서는 물의 조성을 이루는 화학 반응 들 중에서 가장 기본적인, 산·염기 반응, 착화합물 형성 반응, 침전과 용해 반응 그리고 산화·환원 반응을 다룬다. 각 반응의 화학 평형을 해석하고 생성되는 용존 화학종에 대하여 설명하고자 하였다. 이 학습을 동하여 물 환경에서 일어나는 반응을 이해하고 그 결과를 설명할 수 있는 역량을 키움으로써 수질화학 반응을 다루는 공학과 과학 기술 문헌을 정확히 이해하고 관련 문제를 해결할 수 있는 기본이 든든해지기를 기대한다.

2019년 8월

목
차

4

탄산염 평형

착화합물 형성 반응

침전과 용해 반응

산화 · 환원 반응

물의 반응: 화학 물질로서의 물

1

물과 환경

지구 환경의 물 상태는 전 지구적인 물 순환의 결과이다.

지구 표면의 70%는 바다로 덮여있으며, 수질권의 물 97.3 %는 해수이다. 2.7 %의 담수 중에서 가장 양이 많은 부분은 빙하 지대의 얼음 형태(77 %)이고, 그 다음이 지하수(22 %)이며 호소, 토양, 대기, 하천 및 생물계의 물은 담수의 1 % 미만이다.

순환하는 물의 양도 해수면에서의 증발이 가장 많으나 그 대부분은 다시 직접 바다로 돌아가고 약 10 %가 육지로 이동한다. 육지 위에 내리는 비나 눈 등의 습식 강하물은 육지 내에서 증발한 물이 약 2/3를 차지하고 나머지 1/3이 바다에서 이동해온 물이다.

바다에서 물의 평균 체류기간 (바다의 부피/연간 바다로 유입 되는 물의 양)은 약 3,000년으로 매우 길다. 반면에 대기 중 수증기 체류 기간은 10일 정도이다. 한편 육지에서 물의 체류 기간은 물이 위치한 환경에 따라 매우 편차가 큰데, 예를 들어 호소나 강에서는 짧고 지하수나 빙하지대에서는 상대적으로 길어서 평균적으로는 300년 정도이다.

물은 순환 과정에서 토양 암석권이나 대기권 그리고 생물권에 스며들고 그 과정에서 여러 작용을 나타낸다. 햇빛에 의해 추진되는 물 순환은 물의 이동뿐 아니라 인간을 포함한 모든 환경 구성 요소 사이의 영양 물질과 무기물질 그리고 에너지 이동에 관여한다. 물은 지구 기후를 결정하는 핵심 요소이다. 바닷물은 막대한 양의 열에너지를 저장하고 있으며 흐름을 통해 먼 곳으로 에너지를 이동시키기도 한다. 증발이나 응축을 통해 상당한 양의 에너지가 전환된다. 대기 중의 수증기는 적외선을 흡수하는 특성으로 인해 오염되지 않은 환경에서도 자연적인 큰 온실효과를 나타내어 지구의 기온이 유지되는 데 기여한다. 반면에 태양으로부터 유입되는 에너지를 구름이 흡수하고 대기 중으로 반사 하는 것 또한 구름 속의 물이 적외선을 흡수하는 특성에 따른 것이다.

환경에서 중요한 물의 역할 중 또 하나는 대기 구성 기체와의 반응인데, 특히 물에 대한 용해성이 우수한 온실 가스인, 이산화탄소가 대기와 바닷물 사이에서 교환되는 반응 등은 매우 중요하다.

물은 육지에서의 침식과 풍화 작용에서도 중요한 역할을 한다. 하천을 통해 많은 양의 고형 물질이 이동하는데 현탁 물질이나 입자상 물질 뿐 아니라 여건에 따라서는 더 큰 물질이 포함되기도 한다. 이 과정에서 물은 광물질을 용해하거나 이동시키면서 특정한 지구화학적인 조건에서는 침전이나 퇴적을 이루어 광산을 형성하기도 한다.

인류 문명이 포함된 생물권에서 이용가능한 물의 양은 지구상 물중에서 1 %도 되지 않는, 상대적으로 매우 적은 부분이다. 그렇지만 물은 생물권에서 가장 흔한 혹은 가장 중요한 분자 물질이다. 물은 무기 물질이지만 광합성 과정을 통해 유기 물질을 형성하기도 한다. 생물체 내의 물은 영양 물질이나 필요한 이온을 이동시키고 열 균형에 기여하며 다양한 화학 반응의 용매 혹은 직접 반응 물질로 작용하기도 한다.

물은 화학적으로 비금속 원소인 수소 원자 두 개와 산소 원자 하나로 이루어진 H_2O 분자이다. 그 구조는 중심에 산소 원자가 위치하고 두 개의 수소 원자와 산소 원자의 비공유전자쌍이 정사면체의 꼭지를 향하고 있다. 두 개의 O-H 결합 사이 각은 104.5°로 구부러져 이상적인 정사면체의 109.5°보다 작으므로, 산소의 두 전자쌍은 보다 넓은 공간을 차지하고 있는 기하학적 구조이다. 굽은 구조를 하고 있는 H-O-H 분자는 산소의 전기음성도가 수소에 비해 크기 때문에, 전하는 부분적으로 산소 원자에 음전하 그리고 수소 원자에 양전하가 분포된 극성을 띠며 쌍극자모멘트를 갖는 화합물 이다. 한편 물은 분자 사이의 수소결합을 통하여 분자 간 인력이 작용한다.

물은 화학 결합 물질로서 물 분자가 갖고 있는 이런 특성들, 쌍극자모멘트, 찌그러진 정사면체 구조 그리고 분자 간 수소결합으로 인하여 주기율표의 이웃 원소 화합물들과는 다른 특이한 성질을 갖고 있다.

물의 이런 특성은 다양한 환경에서 물리적, 화학적 혹은 생물학적 반응을 수행하는 과정에서 독특함을 나타내기도 한다. 환경에서 나타나는 물의 특이성에는 온도 함수에 따른 밀도의 변화, 비열과 녹음열, 증발열 등의 잠열 및 열전달 그리고 우수한 용매로서의 특성 등이 있다.

다음 표는 물의 특이한 물리적 성질을 요약한 것이다.

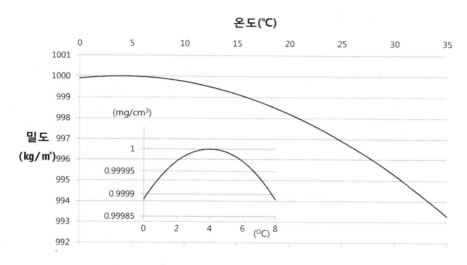

〈그림〉 온도에 따른 물의 밀도 변화

<표> 물의 특별한 물리적 성질

특성	다른 물질과 비교	환경에 대한 시사점
비열	비교 대상인 다른 액체나 고체 보다 큼.	극심한 온도 변화로부터 환경을 보호하고, 특히 해양에서의 큰 열 이동으로 기후형성에 관여한다.
녹음열 (융해열)	암모니아를 제외한 모든 다른 물질 보다 큼.	녹는점에서 결빙과 해빙을 통해 주변 온도를 안정화 시킨다.
증발열	상온에서의 증발열이 어떤 다른 물질 보다 큼.	주변 환경 온도 조절에 결정적이다. 밤과 낮의 온도차를 작게 유지한다.
열팽창	물은 어는 점 보다 높은 온도 (4 ℃)에서 최대 밀도를 나타냄. 이 온도 비정상성이 해수에서는 사라짐.	담수호는 4 ℃ 이하가 되면 수층의 역전이 일어나고 표면은 얼 수 있다.
물질 용해능력	이온화합물 해리를 비롯하여 다양한 물질을 용해시키는 성질을 갖고 있음.	용매로서의 능력이 뛰어나 물속에서 다양한 생물학적 반응이나 화학적 반응 수행이 가능하다.
열 전달율	액체 중에서 가장 큼.	작은 크기의 물체(예를 들어 세포)에 대해서 열전달이 효율적이다. 장거리 열 이동은 주로 대류에 의해 일어난다.
투명도	상대적으로 큼.	물은 가시광 영역의 빛을 비교적 잘 투과시키는 매질로써 물 속 깊은 곳에서도 광합성을 가능하게 한다.

2

수질 반응의 기초 화학

2.1 산과 염기의 기초 화학

산과 염기에 관한 정의는 여러 가지인데 다음 표에 간략히 정리하였다.

〈표〉 여러 가지 산·염기 정의

학자	아레니우스(Arrhenius)	브뢴스테드(Brønsted)	루이스(Lewis)
산	H^+를 내는 물질	양성자 주개	전자쌍 받개
염기	OH^-를 내는 물질	양성자 받개	전자쌍 주개

일반적으로 용액에 관해 언급할 때는 브뢴스테드 산·염기 정의를 사용하고, 순수한 물질이나 용해되지 않는 물질에 대해서는 루이스 산·염기 정의를 사용한다.

산과 염기의 특성을 논의 할 때 중요한 개념은 pH값, pOH 값, 물의 자동이온화, pK_a 값, pK_b 값 등이다. 이후 산과 염기의 반응을 설명함에 있어 일반적으로 산의 반응만을 고려하는 경우가 많은데 이는 염기의 반응이 산의 반응과 유사하기 때문이다.

HA로 나타내는 산이 물(H_2O)과 만나 용해하는 반응은 다음과 같이 쓸 수 있다.

$$HA + H_2O \rightleftharpoons A^- + H_3O^+ \quad \cdots\cdots\cdots\cdots\cdots\cdots\cdots\cdots\cdots\cdots\cdots (1)$$

이 반응식에서 화학종 쌍, HA/A⁻ 그리고 H_2O/H_3O^+에서 HA는 산이고 A⁻는 그의 짝염기, H_2O는 염기 그리고 H_3O^+는 그의 짝산이 된다. 이를 짝 지은 산-염기 쌍(conjugated acid-base pair)이라고 한다. 여기서 알 수 있는 것은 산·염기 반응에는 항상 주개(donor)와 받개(acceptor)가 있다는 것이다. 용액의 산 특성을 정량적으로 어떻게 나타낼 것인지 하는 문제에 대하여 다음과 같이 유용한 pH 값을 정의한다.

$$pH = -\log[H^+] \quad (\text{이와 유사하게 } pOH = -\log[OH^-])$$

이 정의에 따라 pH는 용액 속에 얼마나 많은 양성자(proton, H^+)가 있는지, 그 값으로부터 용액의 산·염기 성질을 특징지을 수 있다. 즉, H^+의 농도가 높으면(예를 들어 농도가 0.1 M이면 pH=1.0) pH값은 작고 용액은 산성이고, H^+의 농도가 매우 적으면(예를 들어 농도가 10^{-9} M이면 pH=9.0) pH 값은 크고 용액은 염기성이다.

이 정의에서 주목할 점은 pH 값이 H^+의 농도에 따라 결정되는 것이며 물질의 종류에 따라 달라지는 것은 아니라는 것이다. 예를 들어 염산(HCl)과 CH_3COOH(아세트산)은 산의 세기가 서로 다르지만 같은 pH 값을 갖는 HCl 용액과 CH_3COOH 용액을 제조할 수 있다. 이러한 문제 설정과 해결은 산해리 반응에 대한 정량적 고려를 통해 확인할 수 있는데, 예를 들어 산해리상수, Ka 값은 산이 양성자를 내는 정도(양성자를 얼마나 쉽게 내줄 수 있는지)를 특징한다. 그 값은 다양한 요인에 따라 달라지는 데 그 중 몇 가지를 다음에 기술하였다.

가. 분자의 극성(polarizability)

나. 분자의 구조(structure)

다. 쌍극자 모멘트(dipole moment)와 전자 분포

(예를 들어 HCl에서 Cl이 전기음성도가 더 크기 때문에 전자는 Cl원자 주변에만 있으므로 Cl은 팔전자 규칙(octet rule)이 충족되고, H원자는 전자를 주고 (잃고) Cl에서 쉽게 떨어져 나간다.

라. 공명으로 안정화 되는 구조를 갖는 화학종 (예를 들어 질산, HNO_3 의 음 이온, NO_3^- 에 전자가 분배될 수 있는 구조가 여러개 가능하다.)

산해리 반응에 대한 정량적 고려는 위의 산 반응식으로부터 일반적인 화학 반응 평형상수를 정의하는 것과 같이, 산해리 평형상수, K는 다음과 같이 표기 할 수 있다.

$$K = \frac{[A^-] \cdot [H_3O^+]}{[HA] \cdot [H_2O]}$$

이 식에서 물은 용매로써 반응계에 과량 일정한 농도로 존재하기 때문에 그 농도 항을 1로 산정할 수 있다. 이렇게 하면 평형상수 K는 산해리 반응에 대한 것이므로, 산해리 상수 Ka를 다음과 같이 고쳐 쓸 수 있고 이는 물질에 따른 고 유 상수이다.

$$Ka = \frac{[A^-][H_3O^-]}{[HA]}$$

이 Ka로부터 정의되는 pKa는 다음 관계에 따른다.

$$pKa \; = \; -\log Ka$$

pKa 값은 물질에 따라 양의 값과 음의 값을 모두 가질 수 있는데 다음 표는 이 값들에 대한 일반적 성질을 표시한다.

〈표〉 Ka값과 pKa값

Ka 값	logKa	pKa값
1이하	음의 값	양의 값(약한 산)
1이상	양의 값	음의 값(강한 산)

이 관계를 다르게 표현할 수도 있다. Ka 값이 1 보다 작으면 (1)식의 화학 평형은 산이 해리되기 전인, 해리하지 않는 상태의 HA가 많이 존재함을 의미하며, 평형은 반응식 (1)의 왼쪽으로 치우쳐 있다고 볼 수 있다. 이는 산이 잘 해리되지 않는 것으로 산의 특성 분류는 약산에 해당한다. 한편 Ka 값이 1보다 크면 화학평형은 산 해리 반응이 진행하여 생성물이 많이 생성된 것으로, 반응식(1)의 오른쪽으로 치우친 상태이다. 이 경우 산은 처음 상태로 있지 않고 용액 속에서 대부분 해리된 것이며, 이는 산의 분류로는 강산에 해당한다.

수용액의 산·염기 반응을 논할 때 항상 존재하는 용매이자 산·염기 반응 참여물질인 물은 다음과 같이 반응하며, 물이 스스로 이온화하는 이 반응을 물의 자동 이온화(auto-ionization) 반응이라고 한다.

$$H_2O \;\rightleftharpoons\; H^+ + OH^- \;\cdots\cdots\cdots\cdots\cdots\cdots\cdots\cdots\cdots\cdots (2)$$

물이 스스로 해리하는 이 반응에 대한 평형상수, 즉 물의 자동 이온화 상수는 물의 이온곱 (ion product), K_w 로 표기하고, 다음과 같은 식으로 나타낸다.

$$Kw = [H^+][OH^-] = 10^{-4}$$

순수한 물의 pH 값은 7이 되는데, 이는 순수한 물에는 물 이외에 다른 물질이 들어있지 않으므로, 그 속의 수소 이온, H^+ 농도와 OH^-의 농도가 같고, 이온곱 상수로부터 H^+ 농도가 10^{-7} M이고 OH^-의 농도도 10^{-7} M이 되는데 따른 것이다.

산의 해리 반응과 물의 자동 이온화 반응에 따른 산해리 평형상수(Ka)와 물의 이온곱 상수(Kw)는 산의 해리 평형을 정성적으로 해석하고 정량적으로 계산하는 데 반드시 필요한 값이다.
산의 세기가 다른 경우 산 해리에 따른 수소이온 농도를 산정하는 예를 간략히 알아본다.

위의 산 해리 반응식(1)의 HA가 약산이라고 하면, 산 평형식은 다음과 같이 전개할 수 있다.

$$Ka = \frac{[A^-][H_3O^+]}{[HA]_0}$$

여기서 $[HA]_0$는 약산 HA의 해리 전 농도이지만, 해리가 거의 일어나지 않는 약산에서는 해리 후 평형에서의 농도도 $[HA]_0$와 거의 같다고 가정할 수 있다. 한편 화학 반응식에 따라 산 평형에서의 생성물들인 $[A^-]$와 $[H_3O^+]$(또는 $[H^+]$)의 농도는 같으므로, 약산의 평형에서 위의 식은 다음과 같이 쓸 수 있다.

$$Ka = \frac{[H^+][H^+]}{[HA]_0}$$

이 식의 양 변에 log를 취하고 정리하면 다음과 같다.

$$pH = \frac{1}{2}(pKa - \log[HA]_0)$$

강산은 완전한 해리에 이르는 특성을 갖는 물질이므로 양성자 농도는 산의 농도와 같고 그로부터 간단히 pH를 계산할 수 있으나, 강산의 농도가 낮을 때 (예를 들어 10^{-5} M 이하로 묽은 경우)는 물의 자동 이온화를 고려해야 한다. 이 경우 산에서 해리하여 생기는 양성자 농도 값이 매우 작아 물에서 생기는 양성자 농도와 비슷하거나 혹은 작을 수 있다. 따라서 존재하는 총 양성자(H^+) 농도는 두 물질에서 생성되는 양성자 농도의 합으로 나타내야한다. 강산의 초기 농도가 $[HA]_0$ 일 때, 강산에서는 완전 해리하므로 강산 해리에서 생기는 양성자 농도는 $[H^+]=[HA]_0$ 이고, 물의 해리에 따라 생성되는 양성자 농도는 $[H^+]=[OH^-]$ 이므로, 물속에 존재하는 총양성자 농도는 산과 물에서 생기는 양성자 농도들의 합이다.

$$[H^+] = [HA]_0 + [OH^-]$$

위와 같은 pH 값 산정은 염기 계산에서도 동일한 과정으로 진행한다. 다양한 산·염기의 평형 해석에 대한 여러 방법은 3장에서 상세하게 논의한다.

이와 같은 산·염기의 특별한 성질인 pH 값을 실험적으로 측정하는 데는 보통 두 가지 방법을 들 수 있다. 첫 번째는 전기화학적으로 작동하는 pH-측정기(pH-meter)를 사용하는 것이고 다른 하나는 지시약(indicator)을 이용하는 것이다. 지시약을 이용한 pH 측정은 대부분 정밀하진 않지만 산의 성질을 직관적으로 빠르게 가늠하는 데는 매우 실용적이다. 지시약은 대부분 약한 유기산으로 특정한 색을 띄는 물질이다. 지시약의 산·염기 반응에 따른 화학반응식은 다음과 같이 쓸 수 있다.

$$HInd + H_2O \rightleftharpoons Ind^- + H_3O$$
$$(\text{색}1) \qquad\qquad (\text{색}2)$$

약산인 지시약(HInd)의 색과 지시약의 짝 염기(Ind$^-$)의 색이 서로 다르기 때문에 pH 값의 변화를 알 수 있다. 이 확인은 매우 실용적이고 신속하게 할 수 있으나 정확도는 매우 낮아서 pH 범위를 어느 정도 산정할 수 있을 뿐이다. 따라서 정확한 pH 값을 얻기 위해서는 pH-측정기를 사용한다.

산·염기 화학에서 중요한 정량분석 방법은 적정이다. 적정은 농도를 알고 있는 염기나 산을 사용하여 농도를 알지 못하는 산과 염기의 당량점까지 적가하는 과정(적정)을 수행하여, 즉 모든 화학종이 중화에 이르게 함으로써 산과 염기의 농도를 결정한다.

산·염기 분류에 대한 정의를 통해 화학자 루이스(Lewis)는 산의 개념을 더 일반화하여 확대하였다 그의 이론에 따르면 산·염기 개념을 수용액 이외의 영역에서도 고려할 수 있다. 예를 들어 산과 염기가 반응하면 나타나는 현상을 살펴보자. 보통의 산과 염기를 볼 때, 산은 정의에 따라 양성자를 주는 물질, 즉 양전하를 내주고 산은 음전하를 띤다. 반면, 염기는 양성자를 받는 물질, 즉 양전하를 받아들이거나 음전하 물질을 내준다. 즉 이 개념은 다음과 같이 정리할 수 있다. 루이스 산은 전자들을 받아들이는 물질(전자수용체)이고 루이스 염기는 전자들을 내주는 물질(전자공여체)이다. 따라서 루이스 산은 친전자체(electrophilic)이고 루이스 염기는 친핵체(nucleophilic)이다.

루이스 산·염기 는 정성적으로 HSAB-규칙, 즉 hard and soft acids and bases(경연산염기; 경산, 연산, 경염기, 연염기 네 부류) 규칙에 따르는데, 이는 경산은 경염기와 반응하기를 선호한다고 설명한다. 이 산·염기 분류에서 고려하는 결정적인 물성은 전자겹질의 극성화 정도와 관련된 화학종의 전기음성도 크기이다. 이에 따른 HSAB 정의는 다음과 같다.

경산(hard acid)은 전하의 극성화(polarization) 정도가 적은 루이스 산 물질이다. 이는 크기가 작고 전하량이 큰 양이온 또는 중심원자의 큰 양전하가 전기음성을 띠는 결합 대상을 유도하는 분자 등이 여기에 해당한다. 반면에 연산(soft acid)은 전하의 극성화 정도가 큰 루이스 산 물질이다. 이는 크기가 크고 전하량이 적은 양이온 또는 쉽게 제거할 수 있는(혹은 떨어져나가는) 원자가 전자를 갖고 있는 원자와 분자가 여기에 해당한다. 한편, 경염기(hard base)는 전기음성도가 크고 따라서 전하 극성화 정도가 적은 루이스 염기이고, 연염기 (soft base) 전기음성도가 작고 전하 극성화 정도가 큰 루이스 염기이다.

경산(hard acid)은 경염기(hard base)와 결합하는 것을 선호하고 연산(soft acid)은 연염기(soft base)와 결합하는 것을 선호한다. 이 때 경산과 경염기 결합은 대체로 이온결합 특성을 갖는데 반하여 연산과 연염기의 결합은 공유결합 특성을 갖는다.

2.2 착화합물 형성 및 침전과 용해의 기초 화학

착화합물(complex, 또는 착물)은 일반적으로 구조와 조성이 복잡한 화합물로서 배위 결합(coordination bond)으로 형성된다. 착화합물은 중심 원소와 그를 둘러싸고 전자쌍을 제공하는 리간드(ligand)로 구성되어있다. 이 화합물 구조는 보통 배위 다면채 형태를 이루며, 중심 원자를 에워싸고 있는 리간드 수를 배위수(CN: coordination number)라 한다.

착화합물에서 가장 많이 나타나는 배위수는 2, 3, 4, 6 인데 그 중에서도 리간드 수가 6인 착화합물이 가장 흔하다. 대부분의 리간드들은 한 자리 리간드 (monodentate), 즉 중심원자와 배위 결합할 수 있는 자리가 하나이다. 한편 하나의 리간드가 여러 개의 배위결합 자리를 갖는 여러 가지 리간드 (multidentate)도 있는데, 이를 킬레이트(chelate, chela는 가위라는 뜻) 리간드 라 부른다.

여기서 한 가지 명심해야 할 중요한 것은 착화합물은 공유결합물과는 다르며 훨씬 더 정전기적인 인력으로 이루어진 물질이라는 사실이다. 착화합물 중에서는 거의 이온 결합에 가까운 특성을 띠는 것도 있으며 그 외의 화합물은 공유결합 화합물과 매우 유사하다.

착화합물에서의 결합 관계는 리간드 장 이론(ligand field theory)으로 설명한다. 리간드들이 중심원자에 다가감으로써 에너지가 동등했던 d-궤도(d-orbital)가 서로 분리되어 에너지 차이를 나타내게 된다. 이 궤도 분리는 리간드와 중심원자 특성에 따라 달라진다.

궤도가 분리되는 갈라짐 성질은 리간드와 금속원자의 기본적 성질에 따라 다른데, 예를 들어 시안이온 (CN^-)과 같이 친핵성이 큰 리간드들은 강한 d-궤도 분리 물질이다. 그밖에도 금속 종류에 따라 궤도 분리가 크게 일어나도록 하는 중심원자들이 있다. 이런 d-궤도 분리는 리간드와 금속원자에 따른 일련의 분광학적인 특징(spectrochemical series), 즉 리간드 세기에 따라 순서를 정한 목록, $I^- \langle Br^- \langle S^{2-} \langle Cl^- \langle OH^- \langle H_2O \langle NH_3 \langle CN^- \langle CO$, 과 산화수에 근거한 금속이온의 목록, $Ni^{2+} \langle Co^{2+} \langle Fe^{2+} \langle Fe^{3+} \langle Cr^{3+} \langle Co^{3+}$)에 따라 달라진다.

d-궤도에 전자가 채워지는 상태에 따라 착화합물은 자기적(magnetic)성질을 나타낸다. 각각 상자성(paramagnetic) 착화합물과 반자성(diamagnetic) 착화합물로 구별되는데, 반자성 물질은 궤도의 전자가 모두 쌍을 이루고 채워진 반면, 상자성 물질은 궤도 껍질에 쌍을 이루지 않고 존재하는 홀 전자로 인해 상자기 자기 극성을 갖는다. 쌍을 이루지 않은 전자의 수가 최대인 경우엔 착화합물이 큰 스핀(high spin)을 갖고 있다하고, 쌍을 이룬 전자의 수가 최대인 착화합물은 작은 스핀(low spin)을 갖고 있다고 한다.

작은 스핀을 갖는 착화합물들은 훈트의 규칙(Hund's rule) 즉, 원자 궤도에 전자가 채워질 때 스핀이 최대가 되는 순서로 전자 배치가 이루어진다는 규칙에 반하는 반면, 큰 스핀 착화합물들은 훈트 규칙을 충족시킨다.

니켈(Ni) 이온중에서 8개 d 궤도 전자를 갖고 있는 Ni^{2+}은 d^8 금속이기 때문에 어차피 에너지가 낮은 d-궤도 껍질에는 전자가 쌍을 이루어 채워진 상태이고, 높은 d-궤도에 있는 전자는 쌍을 이루지 않은 (채워지지 않은) 상태이므로 큰 스핀이나 작은 스핀의 차이가 없다.

한편 전자 배치는 d^4에서 d^7에 이르는 금속인 Cr, Mn, Fe, Co 경우에는 큰 스핀 착화합물이냐 작은 스핀 착화합물이냐의 차이가 나타난다.

착화합물의 스핀이 크냐(high) 작으냐(low) 하는 것은 d-궤도의 분리 크기(에너지, △)에 따른 것으로, 분리된 d-궤도 사이의 에너지 차이가 크면 착화합물은 d-궤도 중 에너지가 낮은 궤도에 훈트의 규칙에 따라 먼저 전자를 채우고 에너지가 높은 궤도에 전자를 채우기 때문에 작은 스핀을 선호하고, d-궤도 사이의 에너지 차이가 적으면 5개의 궤도에 훈트의 규칙에 따라 차례로 전자가 채워짐으로써 큰 스핀을 나타낸다.

<그림> d^4-금속의 전자배치: 작은 스핀(low spin)과 큰 스핀(high spin)

d-궤도 분리는 착화합물의 구조를 결정한다. 만약 궤도가 d_{xy}, d_{yz}, d_{zx} 와 $d_{x^2-y^2}$, d_{z^2} 로 뚜렷이 분리되면 두 궤도, $d_{x^2-y^2}$, d_{z^2} 는 에너지 측면에서 유리하지 않으므로(궤도 에너지가 크므로) 정팔면체(octahedral) 착화합물이 형성되기 쉽다. 한편 $d_{x^2-y^2}$, d_{z^2} 궤도가 에너지 측면에서 유리하면(d_{xy}, d_{yz}, d_{zx} 보다 궤도 에너지가 낮은 경우) 정사면체(tetrahedral) 착화합물이 생성된다.

그 외에도 리간드와 금속의 특성에 따라 5개 d-궤도(d_{xy}, d_{yz}, d_{zx}, $d_{x^2-y^2}$, d_{z^2})의 에너지가 어떤 형태로 분리되느냐에 따라 착화합물의 구조, 즉 리간드가 중심금속을 에워싸는 모습이 달라진다.

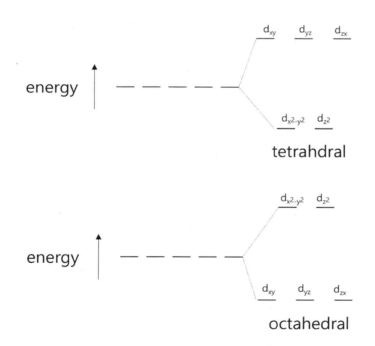

〈그림〉 d-궤도의 분리 형태와 착화합물의 구조

2.3 산화·환원의 기초 화학

산화 환원 (oxidation and reduction 또는 redox)은 화합물 사이에서 전자가 이동하는 반응이다. 산화·환원 반응은 산·염기 반응과 매우 유사하게 기술할 수 있으며 다양한 환경현상을 나타내거나 산업기술에 이용하는 핵심 반응이다. 산화·환원 반응이 일어날 때는 반드시 산화제(oxidizing agent)와 환원제 (reducing agent)가 함께 존재한다. 이 때 산화제는 다른 물질을 산화시키고 자신은 환원되며, 환원제는 다른 물질을 환원시키고 자신은 산화된다. 어떤 물질이 '산화한다'는 것은 자신의 전자를 내주는(빼앗기는) 것이고, '환원한다'는 것은 자신이 전자를 받는(빼앗아오는) 것이다.

예를 들어 금속 마그네슘의 산화 반응을 보면 다음과 같다.

$$2Mg + O_2 \rightarrow 2MgO$$

반응식에서 생성물인 산화마그네슘은 Mg^{2+}와 O^{2-}의 이온결합 화합물이다. 즉 전하가 중성인 산소(O)는 전자 2개를 받아들여(즉, 산화제 역할을하면서) 환원된 상태, O^{2-}로 바뀌고, 마찬가지로 중성인 마그네슘(Mg)은 전자 2개를 내주고(즉, 환원제역할을 하면서) 산화된 상태, Mg^{2+}로 변하였다.

여기서 생성물을 이루는 두 이온 Mg^{2+}와 O^{2-}의 전자 배치는 중성 원자일 때와는 다른 비활성기체, Ar 및 Ne의 전자배치가 된다.

한편 이 반응은 산화제와 환원제의 성질을 특징짓기도 하는데 대개 비금속 원소는 산화제로 작용하고 금속원소는 대체로 환원제로 반응한다.

어떤 반응이 산화 환원 반응을 수행하는지 여부를 알기 위해서는 반응에 참여한 원소의 산화수를 아는 것이 필요하다. 이는 한 화합물 내에 전자가 어떻게 분포돼있는지, 다시 말해 어떤 원소가 형식적으로 몇 개의 전자를 갖고 있는지를 가리킨다. 그에 따라 반응에서는 화합물 구성 원자들 사이의 전기음성도 차이로 불균일한 분해가 일어난다. 산화수를 정하는 중요한 규칙 몇 가지는 다음과 같다.

가. 플루오린(F)은 항상 산화수가 −1이다.

나. 산소(O)는 산화수가 항상 −2이지만, 과산화물에서는 예외이다.

다. 수소(H)는 산화수가 항상 +1이지만, 금속수소화물에서는 예외이다.

라. 각 원자의 산화수 합은 해당원자들로 구성된 화학종의 전체 전하에 해당한다.

마. 원소와 순물질(예를 들어 Na, O_2 등)은 산화수가 0이다.

산화 환원 반응은 여러 산업 분야에서 매우 중요한데, 다음은 그 중의 몇 가지 예로, 배터리, 부식 방지, 전지분해공정, 물질 교환 반응 등을 간단히 설명하였다.

(1) 배터리

배터리는 폐쇄형 갈바닉 전지(galvanic cell)로, 그 속에서 산화 환원 반응을 통하여 화학에너지가 전기에너지로 전환된다. 갈바닉 전지는 항상 두 개의 반쪽 전지로 구성되는데, 하나는 산화 반응이 일어나는 양극(anode)이고 다른 하나는 환원 반응이 일어나는 음극(cathode)이다. 갈바닉 전지에서 반응은 자발적으로 진행되는데, 양극(anode)은 (전자가 발생하는) '-극(minus pole)'이고 음극(cathode)은 '+극(plus pole)'에 해당하여 전자가 물리적으로 이동한다. 중요한 것은 두 반쪽 전지가 공간적으로 분리되어 있고 모두 용액 속에 놓여있다. 전지 구성엔 대부분 멤브레인을 이용하는데, 그 멤브레인을 통해 전하 균형이 이루어질 수 있어야 한다. 배터리가 만드는 전압(△E)은 다음과 같이 산화반응과 환원반응이 일어나는 각 반쪽 전지의 전위차에 따라 결정된다.

$$\triangle E^{\circ} = \sum 전자수용체 \ 반쪽 \ 전지 - \sum 전자공여체 \ 반쪽 \ 전지$$

(2) 전기 분해

전기 분해 전지는 갈바닉 전지와 유사하게 구성되지만 두 가지 기본적이면서도 매우 중요한 차이가 있다. 전기 분해 전지에서 반응은 자발적으로 일어나지 않고 외부 전압에 의해 강제적으로 일어나게 하는 것이다. 따라서 갈바닉 전지와는 반대로 전기 에너지가 화학 에너지로 변환되는 것이다. 두 번째 차이는 '-극(minus pole)'이 음극(cathode)에 '+(plus pole)극'이 양극(anode)에 해당하며, 전자는 갈바닉 전지에서와 마찬가지로 양극에서 음극으로 이동한다.

(3) 부식 방지

어떤 물질들(예를 들어 금속)은 공기 중에서 안정하지 않고 쉽게 산화된다. 이런 불안정한 금속들은, 공기 중에서 쉽게 산화하여 부식되는 아연(Zn) 같은 금속에서 처럼, 금속에 보호막을 입혀 부식을 방지한다. 일반적으로 전기도금은 값 비싼 금속을 상대적으로 값이 싼 금속에 전기화학적으로 덧입힌다.

2.4 반응 속도론과 열역학

반응 속도론은 화학 반응을 논의하는 데 매우 중요한 관점으로, 반응이 얼마나 빨리 진행되고 어떤 메카니즘을 통해 전개되는지를 기술하는 것이다. 그리고 열역학은 물질의 에너지 전환과 에너지 수득률을 파악하는 것이다. 속도론에서는 반응 차수를 언급하고 반응을 0차, 1차, 2차 반응으로 구분한다.

반응에서 시간과 물질의 농도 관계를 미분 방정식을 통해 나타내는데, 반응에 따른 수식 전개를 통해 다음 결과를 얻는다.

0차 반응식 $\qquad C_A = -k \cdot t + C_{0,A}$ $\qquad$ (예: 촉매에서의 기체 분해)

1차 반응식 $\qquad C_A = C_{0,A} \cdot e^{-kt}$ $\qquad$ (예: 방사성 물질 분해)

2차 반응식 $\qquad C_A^{-1} = k \cdot t + C_{0,A}^{-1}$ $\qquad$ (예: 많은 반응들)

각 식은 물질 A의 초기 농도 $C_{0,A}$ 와 반응 시작 후 시간 t 가 지난 후의 농도 C_A 사이의 관계를 나타내며 k는 반응 속도 상수 이다. 이 관계식은 반응 물질들 간의 충돌이론(collision theory)에 따른 것으로, 화학반응이 일어나기 위해서는 넘어서야 할 최소 에너지 장벽이 있고 그를 위해 반응 물질 입자들 사이에 효과적인 충돌이 있어야만 한다는 이론이다. 이 최소 에너지는 '활성화 에너지(activation energy)'라고 하고 이는 곧 특정한 화학반응이 일어나기 위해서 반드시 넘어야 하는 에너지 장벽이다. 따라서 반응속도는 충돌수에 정비례하며,

이 이론은 반응(흡열 및 발열 반응: endo-and exothermic reaction)의 온도 의존성을 나타내기도 한다. 온도가 10 K 증가하면 반응속도는 4배 까지 빨라질 수 있다. 이는 고온에서 분자의 내부에너지가 증가하여 운동속도가 빨라지고 격렬하게 움직임으로써 반응물질 사이의 충돌이 일어날 확률이 증가하는 것이다.

반응의 에너지 준위를 그림으로 도시해보면, 흡열반응에서는 생성물질의 에너지 준위가 반응물질보다 높고, 발열 반응에서는 그 반대이다.

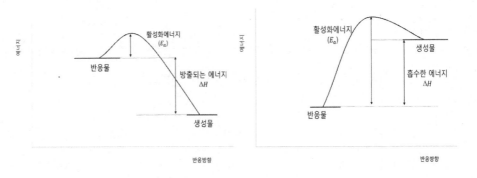

〈그림〉 (가) 발열반응과 (나)흡열반응의 에너지 변화

반응 중에 에너지가 최대인 지점은 두 가지 서로 다른 상태로 구분하여 묘사할 수 있는데, 각각 전이 상태(transition state)와 중간체(intermediate)를 생성하는 경우 이다. 전이 상태는 반응물과 입체적으로 유사한 상태로 묘사되고 화학결합을 한 상태는 아니며 정전기적인 접근 상태로 다룬다. 하지만 물질 간 서로 작용하는 힘이 최대로 나타날 수 있도록 반응물들이 입체적으로 배향한 후 생성물로 변한다. 에너지가 최대인 이 상태에 놓인 물질들을 활성화된 착물 이라고 부른다.

이에 비해 중간 생성물 상태에서는 화학결합이 형성되나 ,입체적인 작용과 정전기적인 상호작용에 따라 매우 불안정하여 곧 다시 분해되어 생성 물질로 변한다.

반응 메카니즘과 연관된 전이 상태나 중간체 생성에 관한 활성화 에너지가 포함된 모든 관계들은 아레니우스 식(Arrhenius equation)에 함축되어 다음과 같이 표현된다.

$$k = A \cdot e^{-\frac{Ea}{RT}}$$

반응 속도상수(k)와 온도(T)의 관계를 나타낸 실험식으로, 기체상수(R), 활성화 에너지(Ea) 및 충돌 빈도 인자(A)를 포함한다. 아레니우스 식은 정확하지는 않지만 대체로 좋은 접근방식이다. 이 식은 일부 빠른 반응을 제외하고는, 기상, 액상, 고상 및 불균일 반응 등의 일반적인 화학 반응과 물질 확산이나 여러 단계에 걸쳐 일어나는 반응 등에도 적용할 수 있다.

활성화에너지는 촉매를 이용하여 낮출 수 있는데 촉매는 기본적으로 균일촉매(반응물질과 같은 상(phase)의 촉매와 불균일촉매(반응물질과 다른 상의 촉매)로 나눌 수 있다. 촉매의 기능이 발현되는 것은 대체로 반응물질이 공간 상에 좀 더 효율적으로 배치하게 되거나 화학적으로 적절하게 작용하여 활성화 에너지가 낮아지는데 따른 것이다. 환경에서 활용하는 대표적 촉매 반응은 자동차 배기가스가 촉매인 백금표면에 흡착되어 분해 제거되는 것과 같은 예를 들 수 있다.

열역학은 속도론과 더불어 화학에서 반응을 예측하거나 설명하는 중요한 도구이다. 화학에서 열역학 함수의 크기는 반응을 에너지 관점에서 고려하는 것이다. 중요한 열역학 함수를 다음 표에 요약하였다.

〈표〉 열역학 함수와 정의

함수	기호(단위)	정의
엔탈피 (enthalpy)	H $(KJ \cdot mol^{-1})$	일정한 압력 하에서 나타나는 계(system)의 내부에너지 변화량
엔트로피 (entropy)	S $(J \cdot mol^{-1}K^{-1})$	계의 열 변화량을 온도로 나눈 값
깁스 에너지 (Gibb's energy)	G $(KJ \cdot mol^{-1})$	반응 후에 효과적으로 이용가능한 에너지

깁스 에너지는 반응 고찰에서 실질적으로 사용할 수 있는 에너지이다. 에너지를 내놓는 화학반응은 에너지 발수성(exergonic)이라고 하고 그 반응은 자발적으로 일어나는 반면, 에너지를 받아들이는 반응은 에너지 흡수성(endergonic)이라고 부르며 그 반응은 비자발적이다. 깁스 에너지는 두 상태함수, 엔탈피와 엔트로피에 의해 결정된다. 즉,

$$\triangle G = \triangle H - T \triangle S$$

모든 열역학 함수의 절대적 크기는 측정할 수 없고 단지 그 변화량만을 측정할 수 있으며, 그 값들은 측정하는 경로(순서)에는 무관하고 처음과 최종 상태에 따라서만 결정되는 상태함수(state function)이다. 이는 헤스의 법칙(Hess' law)이 된다.

속도론과 열역학의 두 성질을 결합함으로써 화학반응의 평형을 고려할 수 있다. 화학반응에서 반응물이 100 % 생성물로 바뀌는 경우는 거의 없다. 대부분은 일정시간(t)이 지난 후에 동적인 평형(dynamic equilibrium)에 이르게 된다. 다음과 같은 화학반응을 고려해 보자.

$$aA + bB \; \rightleftharpoons \; cC + dD$$

이 반응의 평형 위치를 파악하기 위해 온도와 압력에 의존하는 평형상수 K를 도입하는데 이것은 질량작용법칙(the law of mass action)에 따라 기술한 것이다.

$$K = \frac{[C]^c \cdot [D]^d}{[A]^a \cdot [B]^b}$$

여기서 기호 K는 평형상수(equilibrium constant)라 부르고 평형상태에서만 사용하며, 그 이외 임의의 상태에서는 흔히 평형계수(equilibrium quotient) Q를 사용한다. 질량작용의 법칙으로부터 중요한 르 샤틀리에(Le Chatelier)의 원칙-한 평형계에 외부에서 어떤 강압적인 요인이 작용하는 경우 평형은 그 요인을 감쇄시킬 수 있는 방향으로 반응이 진행된다-을 알 수 있는데, 이는 다음과 같이 설명할 수 있다.

가. 계의 주변 온도가 상승하면 평형은 항상 흡열반응이 일어나는 방향으로 이동한다.(주변 에너지가 상승한다는 것은 충돌에 필요한 최소 에너지가 감소하는 것이다.)

나. 계 주변의 압력이 상승하면(이는 기체에만 영향을 끼치는데) 평형은 부피가 큰 쪽에서 작은 쪽으로 진행되는 방향으로 이동한다.

다. 반응계 물질의 농도가 변하는 두 가지 경우가 있다 .물질의 농도가 증가하면 평형은 농도가 증가된 물질을 소비하는 쪽으로 이동한다. 반면 물질의 농도가 적어지면 평형은 그 물질이 생성되는 족으로 이동한다.

3

산과 염기의 반응

자연계의 물은 다양한 종류의 광물질을 함유하고 있으며, 오염되지 않은 물의 pH는 일반적으로 6에서 9 범위이고, 그 값은 비교적 일정한 편이다. 자연수의 pH와 화학적 조성은 물과 환경 조성 물질 간의 산·염기 반응에 의해 주로 결정 되는 데, 다양한 화학적 반응과 생물학적 반응이 이에 속한다.

　　광물이 공기 혹은 물과 상호작용하는 많은 경우가 산·염기 반응에 속한다. 한 예로써 탄산염 암석이 물 및 공기(중의 이산화탄소)와 반응하는 반응식은 다음과 같이 쓸 수 있는데

$$CaCO_{3(s)} \;+\; H_2O_{(l)} \;+\; CO_{2(g)} \;\rightleftharpoons\; Ca^{2+}_{(aq)} \;+\; 2HCO^-_{3(aq)}$$

　　여기서 광물질, $CaCO_3$는 염기이고 이산화탄소, CO_2는 물에 녹아 산으로 작용하여 염기성인 HCO_3^-를 생성하는 반응이다. 그 외에도 암모니아, 규산염, 붕산염, 인상염 등 여러 염기들이 이와 유사한 산·염기 반응을 통해 생성되며, 화산활동에서 분출되는 HCl, SO_2 등이 산으로 작용하여 자연수의 복잡한 화학적 조성을 이룬다.

　　한편 생물학적 반응으로서의 광합성과 호흡작용 역시 CO_2 생성과 소비를 통하여 산·염기 반응을 일으키고 물의 pH 변화에 영향을 끼친다.

　　물중에서도 자연수의 대부분을 차지하는 바닷물은 약 알카리성으로, pH는 8.1로 매우 일정한 값을 갖는데, 이는 전 지구적으로 일어나는 거대한 산·염기 반응의 결과라고 할 수 있다.

산·염기 평형은 아주 신속하게 일어나는데 이는 양성자 전이속도가 매우 빠르기 때문이다(양성자, H$^+$는 산소원자의 핵이다!). 양성자는 수많은 화학종들과 반응하고 반응평형과 반응속도에 영향을 끼치므로 양성자(수소 이온)의 농도 [H$^+$]는 화학반응을 기술하는 데 있어 매우 중요한 대표적인 변수이다.

3.1 산·염기 반응의 화학 평형

3.1.1 산·염기 정의

산·염기에 대한 물질적 분류에서 산은 신 맛을 띠고, 푸른 리트머스를 붉게 변화시키며 금속과 반응할 때 수소(H$_2$)기체를 발생시키는 물질로 염기를 중화시키는 물질이다. 한편 염기는 쓴 맛을 띠고, 붉은 리트머스를 푸르게 변화시키며 비누처럼 미끄러운 감촉을 지닌다. 물질을 이루는 화학식과 그 구조에 따른 분류는 세 과학자, 아레니우스, 브뢴스테드 및 루이스의 정의에 따른다.

아레니우스(Arrhenius)의 정의(1887년)에서 산은 내줄 수 있는 수소 이온(H$^+$)을 함유하고 있는 물질이고, 염기는 내줄 수 있는 수산이온(OH$^-$)을 함유하고 있는 용액이다. 예를들어 질산(HNO$_3$)은, 해리 반응, $HNO_3 \rightleftharpoons H^+ + NO_3^-$ 에서 수소이온을 내므로 산으로 분류할 수 있다.

수소 이온, H^+ 은 용액 속에서 독립적인 자유 이온으로 존재하지 않고 물과 화합한 하이드로늄(hydronium), H_3O^+ 형태로 존재한다. 두 화학종, 하이드로늄과 양성자는 화학적 특성이 같아서, 두 화학종의 몰농도는 $[H_3O^+] = [H^+]$ 와 같이 대체하여 쓰기도 한다.

브뢴스테드 정의에 따르면 산은 양성자 주개(proton donor)로 다른 물질에 양성자를 제공할 수 있는 물질이고 염기는 양성자 받개(proton accepter)로 다른 물질로부터 양성자를 받아들일 수 있는 물질이다. 예를 들어 다음과 같이 산·염기 반응을 기술한다.

$$산 + 염기 \rightleftharpoons 짝산 + 짝염기$$

$$HNO_3 + H_2O \rightleftharpoons H_3O^+ + NO_3^-$$

$$HOCl + H_2O \rightleftharpoons H_3O^+ + OCl^-$$

$$NH_4^+ + H_2O \rightleftharpoons H_3O^+ + NH_3$$

$$H_2O + H_2O \rightleftharpoons H_3O^+ + OH^-$$

위의 반응들은 다음과 같이 쓸 수도 있다.

$$염기 + 산 \rightleftharpoons 짝염기 + 짝산$$

$$NH_3 + H_3O^+ \rightleftharpoons H_2O + NH_4^+$$

이 반응에서 생성된 짝산-짝염기의 상대적 세기는 산·염기의 세기와 관계있는데, 예를 들어 산의 세기가 강할수록 그에 대응한 짝염기의 세기는 약해진다. 예를들어 강산인 HNO_3의 짝염기인 NO_3^-는 아주 약한 염기 화학종이고 약산인 $HOCl$의 짝염기인 OCl^-는 강한 염기 화학종이다.

루이스의 제안에 따른 또 하나의 산·염기 정의는, 산은 비공유전자 쌍을 받아들여 공유할 수 있는 물질이고 염기는 비공유전자 쌍을 갖고 있어 다른 물질에 전자쌍을 주며 서로 공유할 수 있는 물질이다. 다음 반응은 루이스 염기의 한 예로, 여기서 암모니아의 질소가 전자쌍을 내놓아 붕소와 공유하며 배위 결합을 형성하면서 산·염기 반응을 한다.

$$H_3N: \ + \ BF_3 \rightleftharpoons H_3N - BF_3$$
$$\text{염기} \qquad \text{산}$$

3.1.2 산·염기의 세기

강산은 양성자를 내주려고 하는 경향이 매우 큰 물질이다. 이 경향은 산의 고유 성질일 뿐 아니라 양성자를 받아들이는 염기(양성자 받개: 보통 수용액 중의 물)의 성질에 기인하기도 한다.

　　예를 들어 염산, HCl은 고유의 성질이 강산이지만 산·염기 반응의 대상물질인 염기(양성자 받개)에 따라 강산 혹은 약산의 특성을 나타낸다. 아래의 반응에서처럼 용매가 물인 경우와

$$HCl \ + \ H_2O \ \rightleftharpoons \ Cl^- \ + \ H_3O^+$$

　　용매가 유기 화합물(에탄올)인 경우 반응에서 나타나는 산의 세기는 다르다. 그림에서 화살표 길이는 반응 진행 방향의 세기를 시각적으로 표시한 것이다.

$$HCl \ + \ C_2H_5OH \ \rightleftharpoons \ Cl^- \ + \ C_2H_5OH_2^+$$

　　한편 고유의 성질이 약산인 물질들은 양성자를 내주는 경향이 매우 약한데, 아세트산(혹은 초산, CH_3COOH), 차아염소산($HOCl$), 탄산(H_2CO_3), 황화수소산(H_2S) 등이 이에 속한다.

　　먹는 식초의 주성분인 아세트산은 대표적인 약산 물질로써, 물에서 아래 반응식과 같이 작용하는데 양성자를 용매인 물에 내주는 정도가 매우 작아서, 1 M 아세트산의 경우, CH_3COOH 분자의 약 0.4 % 이하만이 물과 반응하여

H_3O^+와 CH_3COO^-이온을 생성한다. 즉 99.6% 이상의 CH_3COOH는 해리하지 않고 분자 상태 그대로 남아있다.

$$CH_3COOH + H_2O \rightleftharpoons CH_3COO^- + H_3O^+$$

이에 반하여 고유의 성질이 강산인 염산이 물에서 반응하는 경우, 염산은 물 용매에 양성자를 내주려는 정도가 매우 커서, 6 M 염산의 경우, HCl 분자의 99.996 %가 물과 반응하여 H_3O^+와 Cl^-이온을 생성한다. 즉 해리하지 않고 분자 상태로 남아있는 HCl은 실질적으로 거의 없다고 할 수 있다.

$$HCl + H_2O \rightleftharpoons Cl^- + H_3O^+$$

한편 산·염기 반응에서 생성되는 짝산·짝염기의 세기는 짝이 되는 산과 염기 화합물의 세기 경향과 반대이다. 다음과 같은 산·염기의 반응에서,

$$HA + H_2O \rightleftharpoons A^- + H_3O^+$$
$$\text{산} \qquad \text{염기} \qquad \text{짝염기} \qquad \text{짝산}$$

산(HA)의 세기가 강할수록 그에 대응하는 짝염기(A^-)의 세기는 약하고, 산의 세기가 약하면 짝염기 세기는 강하다. 예를 들어 강산인 HCl의 해리에서 생기는 짝염기 Cl^-는 매우 약한 짝염기 화학종이고, 약산인 CH_3COOH가 해리하여 생성되는 짝염기 CH_3COO^-는 강한 짝염기 화학종이다.

짝염기의 반응은, 아세트산에서 유래한 짝염기인 아세트산 이온을 예로 들어 산·염기 반응식을 쓰면 다음과 같다.

$$CH_3COO^- + H_2O \rightleftharpoons CH_3COOH + OH^-$$

짝염기의 세기가 강하다는 것은 이 화학종이 물에서 강한 염기성을 띤다는 것이다. 예를 들어 CH_3COONa가 물에 녹으면 Na^+와 CH_3COO^- 이온이 생성되는 데, 이 아세트산 이온은 아세트산의 짝염기에 해당하고, 물과 반응하여 위의 반응식에서 보는 것처럼 강염기 화학종인 수산이온, OH^-를 생성한다. 한편 Na^+ 이온은 물에서 수화되는 현상 외에 다른 화학 반응은 하지 않는다.

3.1.3 산·염기의 평형상수

수소 이온(H^+)을 내는 산(acid)의 일반적 화학식을 HA로 표기하면 수용액 중의 산·염기 반응은 다음과 같이 쓸 수 있다.

$$HA + H_2O \rightleftharpoons H_3O^+ + A^-$$

이 반응에 대한 평형상수(equilibrium constant) K는,

$$K = \frac{[H_3O^+][A^-]}{[HA][H_2O]}$$

이 평형상수 표현식에서 [ ]는 몰 농도(mol/l)를 나타내는데, 위의 식에서 [H$_2$O]는 반응이 일어나는 계의 용매이면서 반응물질로도 작용하는 물의 농도이다. 반응계에서 물의 몰 농도는 일정한 값을 갖는데, 일정 온도에서 물의 몰 농도를 구해보자.

20 ℃에서 물의 몰 농도는 얼마인가?

20 ℃에서 물의 밀도는 0.9982 g/ml이다. 이를 반올림하여 물의 밀도가 1.0 g/ml 라고 가정하자. 물 1L는 1000ml이고, 이 물의 질량은,

$$질량 = 부피 \times 밀도 = 1000 \ ml \times 1.0 \ g/ml$$
$$= 1000.0 \ g$$

물의 몰 질량은, H$_2$O에서 수소 원자 질량이 1.0 g/mol 산소 원자 질량이 16.0 g/mol이므로, 2x(1.0 g/mol) + 1x(16.0 g/mol) = 18.0 g/mole

이로부터 다음 식에 따라 질량 1000.0 g인 물에 몰 질량이 18.0 g/mole인 물 55.6 mole 이 함유되어 있다.

$$1 \ l \ 물 \ 속에 \ 있는 \ 물 \ 분자 \ 몰수 : \ \frac{1000.0g}{18.0 \ g/mol} = 55.6 \ moles$$

따라서 물의 몰 농도(molarity of water)는 55.6 mole/L즉, 55.6 M 이다.

즉 일정온도(20 ℃)에서 물의 농도는 일정(constant)한 값을 갖는 상수이다. 그러므로 위의 평형상수 K는 다음과 같이 고쳐써서 새로운 상수 Ka를 정의한다.

$$K \cdot [H_2O] = \frac{[H_3O^+][A^-]}{[HA]} = K_a$$

여기서 새로운 평형상수 K_a는 산 해리 상수(dissociation constant of acid)라고 한다. 예를 들어 강산인 과염소산($HClO_4$)의 경우;

$$K_a = \frac{[H^+][OClO_4^-]}{[HClO_4]} = 10^7$$

유사한 방법으로 염기(B)의 반응식과 평형상수 및 염기 해리상수(dissociation constant of base: K_b)를 다음과 같이 쓸 수 있다.

$$B + H_2O \rightleftharpoons BH^+ + OH^-$$

$$K = \frac{[BH^+][OH^-]}{[B][H_2O]}$$

$$K_b = \frac{[BH^+][OH^-]}{[B]}$$

예를 들어 대표적 약염기인 암모니아(NH_3)의 해리상수는,

$$K_b = \frac{[NH_4^+][OH^-]}{[NH_3]} = 10^{-4.76}$$

다음 표는 여러 가지 화합물의 산 해리 상수 이다.

〈표〉 여러가지 화합물의 산 해리 상수

화학물질	영문이름	평형 반응식	pKa	특징/비교물질
과염소산	perchloric acid	$HClO_4 = H^+ + ClO_4^-$	-7	강산
염산	hydrochloric acid	$HCl = H^+ + Cl^-$	-3	HF
황산	sulfuric acid	$H_2SO_4 = H^+ + HSO_4^-$	-3	강산
질산	nitric acid	$HNO_3 = H^+ + NO_3^-$	-0	강산
하이드로늄이온	hydronium ion	$H_3O^+ = H^+ + H_2O$	0	
삼염화아세트산	trichloroacetic acid	$CCl_3COOH = H^+ + CCl_3COO^-$	0.70	할로아세트산 (HAA)
이염화아세트산	dichloroacetic acid	$CHCl_2COOH = H^+ + CHCl_2COO^-$	1.48	HAA
황산수소이온	disulfate ion	$HSO_4^- = H^+ + SO_4^{-2}$	2	H_2SO_4
인산	phosphoric acid	$H_3PO_4 = H^+ + H_2PO_4^-$	2.15	H_2PO_4, HPO_4^-
철(III)이온	ferric ion	$Fe(H_2O)_6^{+3} = H^+ + Fe(OH)(H_2O)_5^{+2}$	2.2	Al(III), Co(II)
일염화아세트산	chloroacetic acid	$CH_2ClCOOH = H^+ + CH_2ClCOO^-$	2.85	HAA
플루오르산(불산)	hydrofluoric acid	$HF = H^+ + F^-$	3.2	HCl
폼산(개미산)	formic acid	$HCOOH = H^+ + HCOO^-$	3.75	유기산 (탄소1개)
아질산	nitrous acid	$HNO_2 = H^+ + NO_2^-$	4.5	HNO_3
일수산화철(III)	ferric monohydroxide	$FeOH(H_2O)_5^{+2} = H^+ + Fe(OH)_2(H_2O)_4^+$	4.6	Al(III), Co(II)
아세트산	acetic acid	$CH_3COOH = H^+ + CH_3COO^-$	4.75	유기산 (탄소2개)
알루미늄이온	aluminum ion	$Al(H_2O)_6^{+3} = H^+ + Al(OH)(H_2O)_5^{+2}$	4.8	Fe(III)이온
프로피온산	propionic acid	$C_2H_5COOH = H^+ + C_2H_5COO^-$	4.87	유기산 (탄소3개)

화학물질	영문이름	평형 반응식	pKa	특징/비교물질
탄산	carbonic acid	$H_2CO_3 = H^+ + HCO_3^-$	6.35	HCO_3^-
황화수소산	hydrogen sulfide	$H_2S = H^+ + HS^-$	7.02	HS^-
인산이수소이온	dihydrogen phosphate	$H_2PO_4^- = H^+ + HPO_4^{-2}$	7.2	H_3PO_4, HPO_4^-
차아염소산	hypochlorous acid	$HOCl = H^+ + OCl^-$	7.5	
구리(II)이온	copper ion	$Cu(H_2O)_6^{+2} = H^+ + CuOH(H_2O)_5^+$	8.0	Fe(III), Al(III)
붕산	boric acidi	$B(OH)_3 + H_2O = H^+ + B(OH)_4^-$	9.2	
암모늄이온	ammonium ion	$NH_4^+ = H^+ + NH_3$	9.24	
사이안산(청산)	hydrocyanic acid	$HCN = H^+ + CN^-$	9.3	
규산	orthosilicic acid	$H_4SiO_4 = H^+ + H_3SiO_4^-$	9.86	
탄산수소이온	bicarbonate ion	$HCO_3^- = H^+ + CO_3^{-2}$	10.33	H_2CO_3
마그네슘(II)이온	magnesium ion	$Mg(H_2O)_6^{+2} = H^+ + MgOH(H_2O)_5^+$	11.4	Ca(II), Fe(III)
인산수소이온	monohydrogen phosphate	$HPO_4^{-2} = H^+ + PO_4^{-3}$	12.3	H_3PO_4, $H_2PO_4^-$
칼슘(II)이온	calcium ion	$Ca(H_2O)_6^{+2} = H^+ + CaOH(H_2O)_5^+$	12.5	Mg(II)
황화수소이온	bisulfide ion	$HS^- = H^+ + S^{-2}$	13.9	H_2S
물	water	$H_2O = H^+ + OH^-$	14.00	
메테인	methane	$CH_4 = H^+ + CH_3^-$	34	

3.1.4 K_a와 K_b 사이의 관계

하나의 산 혹은 염기 화합물에서 생성되는 한 쌍의 산과 짝염기 혹은 염기와 짝산 사이에서의 K_a, K_b 관계는 다음과 같다.

예를 들어, 약산인 아세트산(CH_3COOH, 초산)의 산·염기 반응으로 설명한다.

$$CH_3COOH + H_2O \rightleftharpoons H_3O^+ + CH_3COO^-$$

$$\quad\text{산}\qquad\quad\text{염기}\qquad\text{짝산}\qquad\quad\text{짝염기}$$

위 반응에서 아세트산의 산해리 상수는 다음과 같다.

$$K_a = \frac{[H_3O^+][CH_3COO^-]}{[CH_3COOH]} = 10^{-4.75}$$

그리고 아세트산의 짝염기인 아세트산 이온(CH_3COO^-)의 산·염기 반응은 다음과 같다.

$$CH_3COO^- + H_2O \rightleftharpoons CH_3COOH + OH^-$$

이 반응식으로 부터 염기인 아세트산 이온의 염기 해리상수 K_b는 다음과 같이 쓸 수 있다.

$$K_b = \frac{[CH_3COOH]\,[OH^-]}{[CH_3COO^-]} = 10^{-9.25}$$

산/짝염기 쌍인 CH₃COOH/CH₃COO⁻의 Kₐ와 Kᵦ를 곱하면 다음 식이 된다.

$$K_a \cdot K_b = \frac{[H_3O^+]\,[CH_3COO^-]}{[CH_3COOH]} \times \frac{[CH_3COOH]\,[OH^-]}{[CH_3COO^-]} = [H_3O^+][OH^-]$$

이 결과는 물의 이온곱 상수, $K_w = [H_3O^+][OH^-] = 10^{-14}$ 에 해당한다. 즉, 산과 그의 짝염기 혹은 염기와 그의 짝산의 해리상수의 곱은 물의 이온곱 상수, Kw 값과 같다.

3.1.5 물의 자동 이온화와 이온곱 상수

물(H₂O)은 다른 물질이 섞이지 않은 경우에도 다음 반응식에서와 같이 물 분자가 산의 역할과 염기의 역할을 모두 하면서 스스로 자동 이온화(autoionization 또는 self ionization)한다. 이와 같이 한 물질이 스스로 혹은 대상에 따라 산으로도 혹은 염기로도 작용하는 특성을 '양쪽성(amphoteric)'이라고 하고, 그런 특성을 띠는 물질을 양쪽성 물질(ampholyte)이라고 한다. 즉 물은 양쪽성 물질(ampholyte)이다.

$$H_2O + H_2O \rightleftharpoons H_3O^+ + OH^-$$

이 반응의 평형상수는,

$$K = \frac{[H_3O^+]\,[OH^-]}{[H_2O]^2}$$

물의 몰 농도는 일정하므로 이 식을 정리하여 얻는 새로운 상수, K_w를 정의하면,

$$K \cdot [H_2O] = K_w$$

'물의 이온곱 (ion product of water)' 혹은 물의 이온곱 상수라고 부르는, 물 해리 반응에 따른 평형상수 K_w의 값은 25 ℃ 에서 다음과 같다.

$$K_w = [H_3O^+]\,[OH^-] = 1.0 \times 10^{-14}$$

화학반응의 평형상수는 온도에 따라 변하는데, 물이 25 ℃에서 자동 이온화하는 경우의 이온곱 상수는 위와 같고, 이 평형에서 두 이온의 농도가 같은 경우, 즉 $[H_3O^+]$ = $[OH^-]$ 일 때 각 이온의 농도는 $[H_3O^+]$ = 1×10^{-7} mole/L, $[OH^-]$ = 1×10^{-7} mol/L 이다. 이 값은 산성과 염기성을 정량적으로 분류하는 기준이 되기도 한다.

3.1.6 산 해리 평형의 해석: 화학종 분석

산·염기 평형을 해석하여 용액의 산도를 계산하고, 존재하는 여러 화학종들의 농도를 계산하는 것은 일반적인 화학반응의 평형을 해석하는데 적용할 수 있는 평형계산의 기본 과정을 포함하고 있다.

대부분 평형계산의 목적은 알고 있는 화합물의 농도와 상수 등을 이용하여 관심 있는 특정 화학종의 농도를 계산하는 것이다. 이는 처음에는 매우 복잡하여 다루기 어려운 문제로만 보일 수 있지만, 단계적인 과정을 거쳐 해석할 수 있고, 때때로 풀이 과정에서 식을 상당히 단순화 시킬 수 있는 요인이 들어있어 정확한 풀이에 근접한 유사식을 이용해 해결할 수도 있다.

산·염기 반응을 해석하여 용액의 산도와 반응계에 들어있는 화학종들을 정량적으로 해석하는 기본적인 접근방법은, 열역학적인 평형과 함께 질량균형을 고려함으로써 정확한 대수학적인 계산이나 근사식 풀이 혹은 함수 도표를 그림으로 나타내어 화학 평형을 풀이 할 수 있다.

평형을 해석하는 과정은 다음 네 단계로 나누어 진행한다.

(1) 반응계에 존재하는 모든 화학종을 확인한다.

이것은 반응물질과 생성물질 뿐 아니라 반응계에 들어있는 모든 화학종(species)까지 포함한다.

예를 들어 물 속에서 산(HA)의 해리 반응을 생각할 때, 반응물인 HA와 H_2O 뿐 아니라 생성물인 H_3O^+, A^- 그리고 물의 자동 이온화에 따라 수용액 속에는 항상 존재하는 OH^-, 총 5개의 화학종이 이 반응계에 존재한다.

즉, 존재 화학종: HA, H_2O, H_3O^+, A^-, OH^-

(2) 화학종들이 관계된 모든 독립적인 식들을 기술한다.

독립적인 식은 수행 반응의 평형상수를 나타내는 식(equilibrium equation), 화학종들의 농도에 관한 질량 균형식(mass balance), 그리고 화학종들의 전하에 관한 전하 균형식(charge balance) 등이다.

한편 산·염기 반응에서는 전하 균형식 대신 양성자 균형식(proton balance)으로 대체할 수 있으며, 산·염기 평형해석 시 많은 경우 전하 균형식보다 유용하다.

예를 들어 총 농도, 즉 해리가 시작되기 전의 농도가 $C_{T,A}$ 인 산(HA) 수용액의 경우 쓸 수 있는 독립적인 식들은 다음과 같다.

① 평형상수

화학반응, $HA + H_2O \rightleftarrows H_3O + A^-$ 로부터 산 해리 평형상수를 나타내는 식,

$$K_a = \frac{[H_3O^+][A^-]}{[HA]}$$

그리고 이 반응계의 용매인 물이 다음 반응식에 따라 자동 이온화 할 때의 물의 이온곱 상수 K_w를 쓰는데, 물에 관한 이 평형상수는 물에서 일어나는 모든 반응계의 평형을 다룰 때 항상 적용할 수 있는 평형상수이다.

$$H_2O + H_2O \rightleftharpoons H_3O^+ + OH^-$$

$$K_w = [H_3O^+][OH^-]$$

② 질량 균형식

산(HA)의 초기 총 농도가 C이고, 이것이 일부 해리하여 H_3O^+, A^-가 생성되고 해리하지 않고 최초 상태로 남아있는 HA가 있으므로 총 농도에 대한 질량 균형식은,

$$C_{T,A} = [A^-] + [HA]$$

여기서 농도 [HA]는 초기 농도,$[HA]_0$ 가 아닌 산 해리가 평형에 도달한 후에도 해리하지 않고 남아 있는 HA의 농도인 것에 유의해야 한다.

③ 전하 균형식

평형을 해석하는 위의 과정 (1)에서 확인한 존재 화학종 가운데 전하를 띠는 화학종은 H_3O^+, A^-, OH^-로, 이들의 전하 균형식은 다음과 같다.

$$[H_3O^+] = [A^-] + [OH^-]$$

④ 양성자 균형식

양성자가 관여하는 산·염기 평형에서는 양성자 균형식을 쓸 수 있는데, 이 때 양성자 기준 물질(proton reference)은 평형에 이르기 전의 초기 물질이다.

위의 예에서 다룬 산(HA)의 경우 HA가 양성자 기준 물질이며, 존재하는 다른 화학종들을 이 기준 물질과 비교하여 상대적인 양성자 수용 능력 혹은 공여 능력을 판단하여 균형식을 기술한다. 즉 HA를 기준물질로 화학종 H_3O^+, A^-, OH^-의 양성자 수용/공여 능력을 비교하면 다음과 같은 양성자 균형식을 쓸 수 있다.

$$[H_3O^+] = [A^-] + [OH^-]$$

여기서 H_3O^+는 기준 물질인 HA보다 양성자를 내주는 능력이 큰 물질로, 양성자 과잉(proton rich 또는 proton excess) 화학종이고, A^-와 OH^-는 HA에 비해 양성자를 내주는 능력이 적은 물질로 양성자 부족(proton poor) 화학종으로 분류되어, 한 산·염기 반응계 내에서 이 두 부류가 균형을 이룬다.

수용액계에서 양성자 균형식을 기술할 때 양쪽성인 물 분자(H_2O)는 포함되지 않으며, 물의 자동 이온화에 따라 수용액에 항상 존재해 있는 $[H_3O^+]$와 $[OH^-]$는 언제나 양성자 균형식의 좌·우 항에 나뉘어 나타난다.

(3) 반응 평형에 관해 기술한 (2)의 모든 식을 차례로 결합하여 양성자 농도$[H^+]$를 계산한다.

(4) 양성자 농도와 (2)의 식들을 통해 반응계에 존재하는 다른 화학종들의 농도를 계산한다.

산·염기의 평형 해석(I): 계산에 의한 방법

3.2.1 정확한 해를 구하는 방법

정수장의 소독공정에 투입된 염소기체는 다음 반응식과 같이 물과 반응한다.

$$Cl_2 + H_2O \rightleftharpoons HOCl + H^+ + Cl^-$$

생성된 차아염소산(hypochlorous acid, HOCl)은 약산으로서 수처리 과정에서 필요한 소독작용을 나타낸다. 앞에서 알아본 평형 해석 순서에 따라, 계산 방법을 통하여 아래조건에 따른 차아염소산의 해리 평형을 해석해 본다.

약산인 HOCl의 총 농도가 10^{-3} M인 수용액의 pH와 그 속에 존재하는 화학종들의 농도를 계산을 통하여 구해보자. 25 ℃에서 HOCl의 산 해리 상수, Ka는 $1.0 \times 10^{-7.5}$이다.

(1) HOCl 수용액 속에 존재하는 화학종들을 확인한다.

산 해리 화학 반응식은 다음과 같다.

$$HOCl + H_2O \rightleftharpoons H_3O^+ + OCl^-$$

물 이외에 이 반응계에 존재하는 화학종은 HOCl, OCl⁻, H₃O⁺ ([H₃O⁺]=[H⁺]이 므로 이후 [H⁺]로 표기함), OH⁻ 등 4개 이다. 평형 농도를 계산하려는 미지의 화학종이 4개 이므로 독립적인 식 4개가 필요하다. 이 식들은 다음에서 보는 것처럼 산 해리 평형상수, 물의 이온곱, 질량 균형식과 전하 균형식(혹은 양성 자 균형식) 이다.

(2) HOCl 수용액의 산 해리 반응에 관계된 평형식은

첫째, 산 해리 평형식에 따른 평형상수 관계식과

$$K_a = \frac{[H^+][OCl^-]}{[HOCl]} = 10^{-7.5} \quad \cdots\cdots\cdots① $$

둘째, 물의 자동 이온화 반응 평형상수 관계식이다.

$$K_w = [H^+][OH^-] = 10^{-14} \quad \cdots\cdots\cdots②$$

(3) 질량 균형식

해리 반응이 일어나기 전 HOCl의 총 농도 10^{-3} M 는, 평형에서 해리하지 않 고 남아있는 [HOCl]과 HOCl이 해리하여 생성된 [OCl⁻]의 합과 같다. 따라서 총 농도를 OCl이 함유된 화학종의 농도 합, $C_{T,ocl}$ 로 표기하면 질량 균형식은 다 음과 같이 된다.

$$C_{T,ocl} = [HOCl] + [OCl^-] = 10^{-3} \quad \cdots\cdots\cdots③$$

(4) 전하 균형식 혹은 양성자 균형식

수용액 중의 화학종들을 전하에 따라 분류해 정리하면 다음과 같다.

$$[H^+] = [OH^-] + [OCl^-] \quad \cdots\cdots\cdots\cdots④$$

한편, 양성자 균형식을 쓰기 위하여 양성자 기준 물질인 HOCl과의 상대적인 양성자 주개 능력을 비교하여 다른 화학종들을 분류하면, 양성자 과잉 화학종은 H^+, 그리고 양성자 부족 화학종은 OH^-와 OCl^-이므로, 양성자 균형식은 다음과 같다.

$$[H^+] = [OH^-] + [OCl^-]$$

이 결과는 전하 균형식 ④와 같은데, 이는 해리하지 않은, 전하가 중성인 산화합물이 양성자 기준물질일 때 양성자 균형식은 전하 균형식과 같음을 나타낸다.

④ 식을 하나의 화학종만으로 정리하기 위하여, [OH⁻]와 [OCl⁻]를 [H⁺]가 포함되는 식으로 바꾸어 대입한다.

먼저 [OH⁻]는 물의 자동이온화 평형상수인 ②식을 정리하면,

$$[OH^-] = \frac{Kw}{[H^+]} \quad \cdots\cdots\cdots\cdots⑤$$

그리고 [OCl⁻]는 산 해리 상수 K_a에서 [HOCl] 항을 질량 균형식인 ③을 이용해 정리하면 [HOCl] = $C_{T,OCl}$ − [OCl⁻]이므로

$$K_a = \frac{[H^+][OCl^-]}{(C_{T,OCl} - [OCl^-])}$$

이 식을 다음과 같이 정리하면, [OCl⁻]를 [H⁺]와 상수 만으로 나타낼 수 있다.

$$K_a(C_{T,OCl} - [OCl^-]) = [H^+][OCl^-]$$

$$(C_{T,OCl} \cdot K_a) - (K_a \cdot [OCl^-]) = [H^+][OH^-]$$

$$C_{T,OCl} \cdot K_a = [H^+][OCl^-] + K_a \cdot [OCl^-] = ([H^+] + K_a) \cdot [OCl^-]$$

따라서

$$[OCl^-] = \frac{(C_{T,OCl} \cdot K_a)}{[H^+] + K_a} \quad \cdots\cdots\cdots\cdots ⑥$$

⑤식과 ⑥식을 ④식에 대입하면 다음과 같이 [OCl⁻]을 상수와 [H⁺]로만 이루어진 식으로 쓸 수 있다.

$$[H^+] = \frac{K_w}{[H^+]} + \frac{(C_{T,OCl} \cdot K_a)}{[H^+] + K_a}$$

이 식을 정리하기 위해 양변에 [H⁺]를 곱하고,

$$[H^+]^2 = K_w + \frac{(C_{T,oa} \cdot K_a) \cdot [H^+]}{([H^+] + K_a)}$$

다시 양변에 ([H⁺] + Kₐ)를 곱하여 정리하면 다음과 같다.

$$[H^+]^2 ([H^+] + K_a) = K_w \cdot ([H^+] + K_a) + (C_{T,a} \cdot K_a) [H^+]$$

$$[H^+]^3 + K_a [H^+]^2 = K_w \cdot [H^+] + K_w \cdot K_a + C_{T,a} \cdot K_a \cdot [H^+]$$

$$[H^+]^3 + K_a \cdot [H^+]^2 - (K_w + C_{T,a} \cdot K_a) [H^+] - (K_w \cdot K_a) = 0$$

이 식은 차아염소산에 관련된 평형식과 물질 관계식을 이용하여 산 해리 평형식을 수소 이온 농도, [H⁺], 만의 식으로 정리한 식이다.

위의 식에 상수들, $C_{T,ocl} = 10^{-3}$, $K_a = 10^{-7.5}$, $K_w = 10^{-14}$ 을 대입하여 이 식을 풀면 [H⁺] 값을 구할 수 있다.

$$[H^+] = 5.6234 \times 10^{-6}$$

이 값으로부터 차례로 다른 화학종의 농도를 계산할 수 있다. 즉, ②식으로부터,

$$[OH^-] = \frac{K_w}{[H^+]} = 1.7783 \times 10^{-9}$$

④식으로부터,

$$[OCl^-] = [H^+] - [OH^-] = 5.6216 \times 10^{-6}$$

③식으로부터

$$[HOCl] = 10^{-3} - [OCl^-] = 9.9438 \times 10^{-4}$$

즉 25 ℃에서 산 해리 상수가 $1.0 \times 10^{-7.5}$인 차아염소산 HOCl의 총 농도가 10^{-3} M인 수용액의 화학적 평형을 대수학적인 방법으로 분석하고, 계산을 통해 구한, 존재하는 모든 화학종들의 정확한 농도는 다음과 같다.

$$[H^+] = 5.6234 \times 10^{-6}$$

$$[OH^-] = 1.7783 \times 10^{-9}$$

$$[OCl^-] = 5.6216 \times 10^{-6}$$

$$[HOCl] = 9.9438 \times 10^{-4}$$

따라서 평형에서 이 차아염소산 수용액의 pH = $-\log(5.6234 \times 10^{-6})$ = 5.25 이고, 개별 화학종 농도로부터 차아염소산의 99.4% 이상이 해리하지 않고 분자 HOCl 상태로 존재하는 것을 알 수 있다. 이로써 차아염소산의 해리 분율이 매우 적은 것을 알 수 있으며 이는 약산으로 분류되는 물질들의 특징이다.

3.2.2 간략한 산 해리 평형 계산(Ⅰ): 산·염기의 특성을 고려하는 경우

위에서 산 해리 평형을 해석함에 있어 생략 과정 없이 상세하게 정확한 풀이를 하였으나, 산·염기의 특성을 고려하면 평형 계산을 좀 더 간단하게 수행할 수 있는 경우가 있다.

위에서 예로든 차아염소산 수용액은 산 용액이다. 즉 수소 이온의 농도가 수산이온의 농도보다 큰 용액을 산이라 하므로, [H⁺] 〉〉 [OH⁻]라고 할 수 있다. 따라서 위의 양성자 균형식, ④ 식을 보면 $[H^+] = [OH^-] + [OCl^-]$에서 [OH⁻]값이 [H⁺]에 비해 상대적으로 매우 작은 경우 이 식은 다음과 같이 쓸 수 있다.

$$[H^+] \approx [OCl^-]$$

이로부터 앞서 논의한, 평형의 정확한 풀이 과정에서 얻은 ⑥식의 [OCl]을 [H⁺]로 대체할 수 있으므로 ⑥식은 다음과 같이 쓸 수 있다.

$$[H^+] = \frac{(10^{-3} \cdot K_a)}{[H^+] + K_a}$$

이 식을 정리하면

$$[H^+]^2 + K_a[H^+] - (10^{-3} \cdot K_a) = 0$$

즉 산·염기 평형에서 물질 특성이 산인 경우, [H⁺] 〉〉 [OH⁻] 가정을 할 수 있고, 그로부터 평형 해석을 하면 좀 더 계산하기 간단한 2차 방정식을 얻게 되므로, 다음과 같은 근의 공식을 통하여 [H⁺]의 농도를 계산할 수 있다.

$$[H^+] = \frac{-(K_a) + \sqrt{(K_a)^2 - 4 \times 1 \times (10^{-3} \cdot K_a)}}{2 \times 1}$$
$$= 5.6393 \times 10^{-6}$$

이 값을 이용하여 ②, ④, ③식으로부터 다른 화학종들의 농도를 순차적으로 계산하면 다음과 같다.

$$[OH^-] = 1.7733 \times 10^{-9}$$
$$[OCl^-] = 5.6375 \times 10^{-6}$$
$$[HOCl] = 9.9436 \times 10^{-4}$$

이 풀이 과정에는, HOCl이 산이고 그에 따라 $[H^+] \gg [OH^-]$라는 가정을 하였는데, 위의 결과에서 값을 확인해보면 , $[H^+]/[OH^-] > 3.2 \times 10^3$ 이므로 가정을 받아들일 수 있는 범위에 있다. 만약 이 가정이 만족스럽지 못한 경우 앞에서 기술한 정확한 풀이 과정을 이용한다.

산 해리 평형 해석에서, 물질이 산 이라는 특성을 이용하여 풀이 과정을 간략하게 수행한 결과로부터 계산한 이 수용액의 pH 값은, $-\log(5.6393 \times 10^{-6})$ = 5.25 이다. 이는 가정 도입 없이 상세하게 풀이한 경우와 같은 값이다.

3.2.3 간략한 산 해리 평형 계산(II): 산의 세기를 고려하는 경우

산·염기의 특성을 고려하여 평형계산을 간단하게 수행하는 경우 물질이 산이라는 특성을 고려한 가정, $[H^+] \gg [OH^-]$, 외에도, 산의 세기에 따른 가정을 활용할 수 있다.

위에서 예로든 차아염소산은 산 중에서도 약산이다. 약산은 해리가 잘 일어나지 않고, 평형에서 대부분 분자 상태로 존재하는 산이다. 산·염기 평형 해석 과정에서 질량 균형식, ③ 식은 다음과 같다.

$$C_{T,oa} = [HOa] + [Oa^-] = 10^{-3}$$

약산인 차아염소산의 해리 정도는 매우 작을 것이므로, 화학종의 상대적인 농도 관계는 $[HOCl] \gg [OCl^-]$라고 할 수 있으므로 다음과 같이 나타낼 수 있다.

$$[HOa] \approx C_{T,oa} = 10^{-3}$$

이 경우 산 해리 상수는 다음과 같이 쓸 수 있다.

$$K_a = \frac{[H^+][Oa^-]}{[HOa]} = \frac{[H^+][Oa^-]}{[C_{T,oa}]}$$

위의 식을 정리하면 $[OCl^-] = \dfrac{C_{T,OCl} \cdot K_a}{[H^+]}$ 이고, 이 [OCl⁻]을 앞서 양성

자 균형식, [H⁺] = [OH⁻] + [OCl⁻] 에서 물질 특성이 산인 경우에 [H⁺] 〉〉 [OH⁻]

를 가정하여 이루어진 식, $[H^+] \approx [OCl^-]$에 대입하면,

$$[H^+] = \frac{C_{T,OCl} \cdot K_a}{[H^+]}$$

$$[H^+]^2 = C_{T,OCl} \cdot K_a$$

$$[H^+] = \sqrt{C_{T,OCl} \cdot K_a}$$

이 결과에서 보듯이, 산 해리 평형 해석에서, 물질이 산 이라는 특성과 산 중
에서도 약산이라는 특성을 함께 고려하여 풀이 과정을 간략하게 수행하면, 수
소 이온 농도는 두 상수, 화학종의 총 농도와 산 해리 상수로부터 간단하게 계
산할 수 있다.

두 상수로부터 수소 이온 농도를 구하고, 그 값을 통하여 다른 화학종의 농
도를 계산하면 다음 결과를 얻는다.

$$[H^+] = 5.6234 \times 10^{-6}$$

$$[OH^-] = 1.7783 \times 10^{-9}$$

$$[OCl^-] = 5.6216 \times 10^{-6}$$

$$[HOCl] = 9.9439 \times 10^{-4}$$

이 풀이 과정에는 2개의 가정이 포함되어 있다. 평형해석에서 이 가정들이 적절했는지 검토하기 위하여 계산 결과를 각 가정에서 다시 확인해 봐야한다.

검토할 것은 첫 번째 가정인 $[H^+] \gg [OH^-]$을 판단하기 위하여 계산 결과를 통해 얻은 두 농도의 상대적 비 $[H^+]/[OH^-] = 3.16 \times 10^3$ 이고, 두 번째 가정인 $[HOCl] \gg [OCl^-]$을 판단하기 위하여 계산 결과를 통해 얻은 두 농도의 상대적 비 $[HOCl^+]/[OCl^-] = 1.77 \times 10^2$ 이다.

두 번째 가정은 첫 번째 가정보다 두 농도의 차이가 적기는 하나 두 농도의 차이가 약 200배로 $[HOCl] \gg [OCl^-]$이라는 가정도 받아들일 수 있는 범위로 판단할 수 있다. 만약 이 가정을 받아들이기 어려운 것으로 판단하면, 하나의 가정만 받아들여 2차 방정식을 이용해 계산하거나, 더 정확한 계산을 원하면 가정 없이 해석한 3차 반응식을 이용하여 풀이하여야 한다.

3.2.4 강산의 평형 계산

강산의 평형 해석을 위하여 대표적 강산인 염산, HCl 의 총 농도가 10^{-3} M인 수용액의 pH와 존재 화학종들의 농도를 구하는 예를 살펴본다. 25 ℃에서 염산의 산 해리 상수 K_a는 1×10^3를 사용하고, 앞에서 기술한 순서에 따라 평형을 해석할 수 있다.

(1) HCl의 해리 반응식과 수용액에 존재하는 모든 화학종을 확인한다.

$$HCl + H_2O \rightleftharpoons H_3O^+ + Cl^-$$

$$HCl, Cl^-, H_3O^+, OH^-$$

(2) HCl 수용액의 산 해리 반응 평형 상수 관계식은 다음과 같다.

$$K_a = \frac{[H^+][Cl^-]}{[HCl]} = 10^3 \qquad \cdots\cdots\cdots\cdots① $$

$$K_w = [H^+][OH^-] = 10^{-14} \qquad \cdots\cdots\cdots② $$

(3) 질량 균형식을 기술하는데 총 농도를 $C_{T,Cl}$로 표시하면 다음과 같다.

$$C_{T,Cl} = [HCl] + [Cl^-] = 10^{-3} \qquad \cdots\cdots\cdots③ $$

(4) 양성자 균형식은 양성자 과잉 화학종의 농도는 양성자 부족 화학종들의 농도 합과 같다.

$$[H^+] = [OH^-] + [Cl^-] \qquad \cdots\cdots\cdots\cdots④ $$

이 네 식을 산 해리 평형 해석 방법에 따라, 차아염소산 풀이 과정에서처럼 각 식을 연립하여, 먼저 [H⁺]에 대하여 정리하면 다음과 같은 3차식을 얻는다.

$$[H^+]^3 + K_a[H^+]^2 - (K_w + K_a \cdot C_{T,Cl})[H^+] - K_w \cdot K_a = 0$$

이 3차식은 약산인 HOCl의 평형 해석 경우에서와 같은 결과이며 이는 모든 일양성자 산(monoprotic acid)에서 동일하다.

이 3차 방정식을 풀어서 정확한 해를 구할 수 있다. 이로부터 pH=3.0000004 값을 얻을 수 있으나 소수 이하 1~2자리면 충분한 pH값 측정 표기에 따라 pH=3.00으로 기술할 수 있다. 한편 다른 화학종들의 농도는 다음과 같다.

$$[H^+] = 1.00 \times 10^{-3}$$

$$[OH^+] = 1.00 \times 10^{-11}$$

$$[Cl^-] = 1.00 \times 10^{-3}$$

$$[HCl] = 1.00 \times 10^{-11}$$

3.2.5 강산에 대한 간략한 평형 계산

약산에서와 마찬가지로 강산에 관해서도 평형 계산을 간략하게 수행할 수 있다.

강산 역시 산이라는 물질 특성에 따라, [H$^+$] 》 [OH$^-$]로 가정하면, 양성자 균형식 [H$^+$] = [OH$^-$] + [Cl$^-$]은 $[H^+] \approx [Cl^-]$ 와 같이 된다.

그리고 또한 염산은 물에서 물질의 대부분이 해리하는 강산이므로, 질량균형식, $C_{T,d}$ = [HCl] + [Cl$^-$]에서 강산의 특성에 따라 [HCl] 《 [Cl$^-$]로 가정하면, $C_{T,d} \approx [Cl^-]$ 이 된다.

이는 최초 HCl이 모두 해리하여 총 농도 $C_{T,Cl} = 10^{-3}$ M 에 해당하는 염소이 온이 형성됨을 가르킨다. 이 값을 윗 식에 대입하면 수소 이온 농도가 얻어지 고, 이어서 모든 화학종의 농도가 다음과 같이 계산된다.

$$[H^+] = 10^{-3}$$

$$[OH^-] = 10^{-11}$$

$$[Cl^-] = 10^{-3}$$

$$[HCl] = 10^{-11}$$

풀이에 도입한 2개의 가정이 적절 했는지 위의 계산 결과를 통해 확인해 볼 수 있다.

$[H^+] \gg [OH^-]$ 가정을 확인하기 위해 두 값을 비교하면, $[H^+]/[OH^-] = 10^8$ 이 고, $[HCl] \ll [Cl^-]$ 가정을 확인하기 위해 두 값을 비교하면 $[Cl^-]/[HCl] = 10^8$ 이 다. 즉, 가정에서 비교한 두 농도의 차이가 10^8 배로 매우 크므로 두 가정은 모 두 무리가 없이 받아들일 수 있는 것으로 판단할 수 있다.

이 결과는 강산에 일반적으로 적용할 수 있는 것으로, 강산 수용액의 pH는 산의 농도로부터 직접 계산할 수 있다. 예를 들어 강산의 농도가 C(mole/L)인 경우 수용액의 pH는 -logC가 된다. 즉 10^{-2} M HCl의 pH값은 2, 10^{-5} M HCl의 pH값은 5 이다. 그렇다면 10^{-7} M HCl의 pH값은 7, 10^{-9} M HCl의 pH값은 9 라 고 할 수 있을까? 다음 단원에서 이 경우를 논의한다.

3.2.6 농도가 묽은 강산의 평형 계산

강산의 pH는 농도에서 직접 계산할 수 있으므로, 10^{-7} M HCl의 pH = 7, 10^{-9} M HCl의 pH=9라고 계산할 수 있지만, 수용액의 pH가 7 이나 9 이면 수용액의 산·염기 분류에 따라 중성 혹은 염기성 수용액이라고 해야한다. 하지만 산의 특성을 띠는 HCl 이 농도가 묽어져도 물질의 특성이 변하는 것은 아니므로, 중성물질 혹은 염기로 바뀌지 않는다.

평형에서 '물질이 대부분 해리 상태 화학종으로 존재한다'는 강산의 특성은 HCl의 농도가 묽어도 그대로 이다. 따라서 농도가 묽은 강산의 평형을 간략하게 계산할 때, 강산이므로 질량균형, $C_{T,a}$ = [HCl]+[Cl⁻]에서 [HCl] ≪ [Cl⁻]라는 가정을 도입하여 $C_{T,a}$ = [Cl⁻]로 쓸 수 있었다.

그러나 간략한 평형계산에서 양성자 균형, [H⁺] = [OH⁻] + [Cl⁻]에서 [H⁺] ≫ [OH⁻]라는 가정은, 산의 농도가 묽은 경우 [H⁺] 와 [OH⁻] 의 차이가 크지 않기 때문에 사용할 수 없다. 따라서 농도가 묽은 강산의 평형 해석에서 양성자 균형식을 기술할 때, 강산이므로 중성인 산이 모두 해리하는 특성과 물의 이온곱을 통한 수산이온 농도 표기가 필요하다.

$$[H^+] = [OH^-] + [Cl^-] = \frac{Kw}{[H^+]} + C_{T,a}$$

이 식을 정리하여 풀이하면

$$[H^+]^2 - C_{T,a}[H^+] - K_w = 0$$

$$[H^+] = \frac{C_{T,a} + \sqrt{C_{T,a}^2 + (4 \times 1 \times K_w)}}{2}$$

그리고 $K_a = \dfrac{[H^+][a^-]}{[Ha]} = \dfrac{[H^+] \cdot C_{T,a}}{[Ha]}$ 로부터 평형 상태에서의 HCl 농도를 다음과 같이 계산할 수 있다.

$$[Ha] = \frac{[H^+] \cdot C_{T,a}}{K_a}$$

이 결과로부터 10^{-7} M [HCl] 수용액의 모든 화학종의 농도를 계산하고 pH 값을 알아보면 다음과 같다.

$$[H^+] = 1.62 \times 10^{-7}$$

$$[OH^-] = 6.17 \times 10^{-8}$$

$$[a^-] \approx 10^{-7}$$

$$[Ha] = 10^{-16.79}$$

$$pH = 6.79$$

이 결과에서 보는 것처럼, 10^{-7} M [HCl] 수용액의 pH는 7.0 이 아니라 6.79 로 완전한 중성이 아니다. 한편 위의 평형 해석 결과에 따른 식을 이용해 10^{-9} M [HCl]의 pH를 계산하면 9.0 이 아니라 6.9957 로 여전히 pH 값이 중성인 7.0 미만 인 것을 알 수 있다. 즉 강산을 아무리 묽혀 낮은 농도로 제조하여도 pH는 7.0 이상이 될 수 없으며, pH가 중성에 가까워도 강산은 산 화합물이 거의 해리하는 고유 특성을 그대로 유지하고 있다.

3.2.7 농도가 묽은 약산의 평형 계산

농도가 묽은 약산의 평형 해석을 위하여, 대표적 강산인 아세트산 (CH₃COOH, 간략하게 HAc로 표기)의 총 농도가 10^{-6} M 인 수용액의 pH와 존재 화학종들의 농도를 구하는 예를 살펴본다. 25 ℃에서 아세트산의 산 해리 상수는 $K_a = 10^{-4.75}$ 를 사용하고, 앞에서 기술한 순서에 따라 평형을 해석할 수 있다.

(1) 아세트산 해리 반응식과 수용액에 존재하는 모든 화학종을 확인한다.

$$HAc + H_2O \rightleftharpoons H_3O^+ + Ac^-$$

$$HAc,\ Ac^-,\ H^+,\ OH^-$$

(2) 이 반응의 평형상수는 산 해리 상수와 물의 이온곱 상수가 있다.

$$K_a = \frac{[H^+][Ac^-]}{[HAc]} = 10^{-4.75} \quad \cdots\cdots\cdots ①$$

$$K_w = [H^+][OH^-] = 10^{-14} \quad \cdots\cdots\cdots ②$$

(3) 질량 균형식에서 해리 전 아세트산 총농도 $C_{T,Ac} = 10^{-6}$ M 이므로,

$$C_{T,Ac} = [HAc] + [Ac^-] = 10^{-6} \quad \cdots\cdots\cdots ③$$

(4) 양성자 균형식은 양성자 기준 화학종이 HAc 이므로,

양성자 과잉 화학종 총농도가 양성자 부족 화학종 총 농도와 같음에 따라 다음과 같다.

$$[H^+] = [OH^-] + [Ac^-] \cdots\cdots\cdots ④$$

위의 ①~④식들을 결합하여 먼저 [H⁺]를 구하기 위해 양성자 균형식 ④에서부터 시작한다. [OH⁻]는 물의 이온곱인 ②식을 정리하여 대입한다.

$$[H^+] = \frac{K_w}{[H^+]} + [Ac^-] \quad\cdots\cdots\cdots ⑤$$

이 식의 [Ac⁻]는 산 해리 평형상수 ①을 정리하여 [H⁺] 함수로 기술할 수 있다.

먼저 [HAc]는 질량 균형식, $C_{T,Ac}$ = [HAc] + [Ac⁻]에서 HAc는 해리가 잘 일어나지 않는 약산이므로 [HAc] 〉〉 [Ac⁻]라고 가정하면 $C_{T,Ac} \approx [HAc]$ 가 되고 이를 ①식에 대입하면 다음과 같다.

$$K_a = \frac{[H^+][Ac^-]}{[HAc]} = \frac{[H^+][Ac^-]}{C_{T,Ac}}$$

즉 $[Ac^-] = \dfrac{K_a \cdot C_{T,Ac}}{[H^+]}$ 이므로 이 것을 ⑤식에 대입하여 정리하면,

$$[H^+] = \frac{K_w}{[H^+]} + \frac{K_a \cdot C_{T,a}}{[H^+]}$$

$$[H^+]^2 = K_w + K_a \cdot C_{T,a}$$

$$[H^+] = \sqrt{K_w + K_a \cdot C_{T,a}}$$

따라서 각 상수를 대입하여 계산한 수소이온 농도는 다음과 같다.

$$[H^+] = \sqrt{10^{-14} + 10^{-7.5} \times 10^{-6}}$$

$$= 2.04 \times 10^{-7}$$

이 값으로부터 산 화학종의 농도를 계산하면 다음과 같다.

$$[HAc] \approx C_{T,Ac} = 10^{-6}$$

$$[Ac^-] = \frac{K_a \cdot C_{T,Ac}}{[H^+]} = \frac{10^{-7.5} \cdot 10^{-6}}{2.04 \times 10^{-7}}$$

$$= 1.55 \times 10^{-7}$$

묽은 약산 수용액의 평형 해석 과정에서 취한 가정이 적절한 것인지 검토하기 위하여 위의 결과로부터 계산한 값을 살펴보면, $[HAc]/[Ac^-] \approx 6.5$ 이므로 [HAc] 〉〉 [Ac]라고 가정한 것이 적절하다고 볼 수 있거나 혹은 그렇지 않다고 판단할 수도 있다. 그러므로 경우에 따라서는 가정을 포함하지 않은 좀 더 정확한 평형 계산을 수행할 수 있다.

3.3 산·염기의 평형 해석(II): pC-pH 도해법

앞에서 산·염기 해리반응의 평형을 해석하기 위하여 대수학적 방법으로 연립 수식을 계산하면 반응 평형에 존재하는 각 화학종의 농도를 계산할 수 있었다. 이번에는 도해식 방법으로 산·염기 반응의 평형을 해석하는 과정을 알아본다. 대수학적 계산에서 활용한 화학종들의 관계식을 연립식으로 정리하여, 화학종 농도와 수소이온의 농도의 그래프(pC-pH diagramm)를 그리고 그 그림에서 평형점을 확인함으로써 산·염기의 평형을 해석할 수 있다.

3.3.1 일양성자산의 pC-pH 도해

도해식 산·염기 반응의 평형 해석을 위한 예로 약산이며 일양성자산인 차아염소산(HOCl, hypochlorous acid))의 해리 반응을 알아본다. 25 ℃에서 차아염소산의 산해리 상수, Ka 값은 3.16×10^{-8} (pKa=7.5) 이다.

차아염소산 총 농도, $[HOCl]_T$ 가 1.0×10^{-3} mol/l 인 수용액의 pH는 얼마이며 그 속에 들어있는 화학종들의 농도는 얼마인지 먼저 pC-pH 도표를 그리고 도해식 방법으로 산·염기 평형을 해석한다.

물 속에서 일어나는 HOCl 의 해리 반응은 다음과 같다.

$$HOCl + H_2O \rightleftharpoons H_3O^+ + OCl^-$$

이 해리를 통하여 물 속에 존재하는 화학종 들은 HOCl, OCl⁻, H⁺, OH⁻, 네 개 이다. 네 개의 미지의 화학종 농도를 구하기 위해서는 네 개의 독립된 관계식이 필요하고, 이 평형계에 대해 쓸 수 있는 식은 앞의 평형 계산에서 사용한 식들과 같다.

이 반응에 관해 쓸 수 있는 평형식 중에서, 먼저 산해리 평형상수는 다음과 같다.

$$Ka = \frac{[H^+][OCl^-]}{[HOCl]} = 10^{-9.3} \quad \cdots\cdots\cdots (1)$$

그리고 또 하나의 평형상수는 수용액에서 항상 쓸 수 있는 물의 자동이온화에 따른 이온곱 상수이다.

$$Kw = [H^+][OH^-] = 10^{-14} \quad \cdots\cdots\cdots (2)$$

한편 물 속에 들어있는 차아염소산 총량은, 해리가 시작되기 전의 양에 해당한다. 산·염기 평형점에서는 해리하지 않고 처음 상태를 유지하는 HOCl 과 해리하여 이온형태가 된 OCl⁻, 두 화학종이 존재하며, 이는 다음과 같은 질량균형식을 이룬다.

$$C_{T,oa} = [HOCl] + [OCl^-] = 10^{-3} \quad \cdots\cdots\cdots (3)$$

평형 해석에 이용하는 네 번째 관계식은 전하 균형식 혹은 양성자 균형식으로, 일양성자산에 대해서 이 두 식은 똑같이 다음 식으로 나타난다.

$$[H^+] = [OH^-] + [OCl^-] \quad \cdots\cdots\cdots\cdots (4)$$

미지의 함수(화학종)가 4개이고, 독립된 관계식이 4개 이므로 각 식을 연립하여 평형을 해석할 수 있다.

먼저 (3)식에 로그를 취하면, $-\log$ $C_{T,OCl}$ 값은 3이되고 이를 도표로 옮겨 다음과 같은 직선을 그린다.

$$pC_{T,oa} = 3 \quad \cdots\cdots\cdots ① 선$$

(2)식의 양변에 로그를 취하여 정리하면 H^+, OH^-, 의 농도를 pH에 대해 도시한 직선을 그릴 수 있으며, 이는 모든 수용액 속의 산·염기 평형에서 동일하다.

$$\log K_w = \log[H^+] + \log[OH^-] = -14$$

$$pH + pOH = 14$$

$$pOH = 14 - pH \quad \cdots\cdots\cdots ② 선$$

$$pH = -\log[H^+] \quad \cdots\cdots\cdots ③ 선$$

(3) 식을 정리하여 얻는 값, [HOCl] = $C_{T,OCl}$ - [OCl⁻] 을 (1)식에 대입하여 정리하면, [OCl⁻]을 [H⁺]의 함수로 쓸 수 있다.

$$Ka = \frac{[H^+][OCl^-]}{(C_{T,OCl} - [OCl^-])}$$

$$[OCl^-] = \frac{Ka \cdot C_{T,OCl}}{[H^+] + Ka} \quad \cdots\cdots\cdots \quad (5)식$$

(5)식을 도표위에 그리기 위해서, 두 영역으로 나누어 생각한다.

첫째, Ka ≫ [H⁺] 경우, 즉, pH 값이 pKa(=7.5) 보다 큰 영역에서,

$$[OCl^-] = \frac{Ka \cdot C_{T,OCl}}{Ka} = C_{T,OCl} = 10^{-3}$$

그러므로,

$$p[OCl^-] = 3 \quad \cdots\cdots\cdots \quad ⑥선$$

둘째, Ka ≪ [H⁺], 즉, pH가 pKa(=7.5) 보다 작은 영역에서,

$$[OCl^-] = \frac{Ka \cdot C_{T,OCl}}{[H^+]}$$

$$\log[OCl^-] = pKa + pC_{T,OCl} - pH$$

$$p[OCl^-] = pKa + pC_{T,OCl} - pH \quad \cdots\cdots\cdots \quad ⑦선$$

⑤ 선은 기울기가, $\dfrac{dp[OCl^-]}{dpH} = -1$ 이다.

한편, (3) 식을 정리하여 얻는 값, [OCl⁻] = C_{T,OCl} - [HOCl] 을 (1)식에 대입하여 정리하면, [HOCl]을 [H⁺]의 함수로 쓸 수 있다.

$$Ka = \frac{[H^+]\,(C_{T,oa} - [HOa])}{[HOa]}$$

$$[HOa] = \frac{[H^+] \cdot C_{T,oa}}{[H^+] + Ka} \quad \cdots\cdots\cdots \quad (6)$$

(6)식을 도표위에 그리기 위해서, 두 영역으로 나누어 생각한다.

첫째, [H$^+$] ≫ Ka 경우, 즉, pH 값이 pKa(=7.5) 보다 작은 영역에서,

$$[HOa] = C_{T,oa}$$

$$p[HOa] = 3 \quad \cdots\cdots\cdots \quad ④ 선$$

둘째, [H$^+$] ≪ Ka, 즉, pH가 pKa(=7.5) 보다 큰 영역에서,

$$\log[HOa] = \log[H^+] + \log C_{T,oa} + \log Ka$$

$$p[HOa] = pH + 3 - \log Ka \quad \cdots\cdots\cdots \quad ⑤ 선$$

⑦ 선은 기울기가, $\dfrac{dp[HOa]}{dpH} = 1$ 인 직선이다.

위의 ④ - ⑦선들은 pH = pKa 부근을 제외하곤 p[HOCl]와 p[OCl$^-$]을 도표에 표기한 것이다. [H$^+$] = Ka 즉 pH = pKa 지점에서는 다음과 같은 값을 갖는다.

(5) 식에서 [OCl$^-$] = 1/2 $C_{T,ocl}$ 이므로, p[OCl$^-$] = p$C_{T,ocl}$ + 0.3

(6) 식에서 [HOCl] = 1/2 $C_{T,ocl}$ 이므로, p[HOCl] = p$C_{T,ocl}$ +0.3

즉, p[OCl⁻] = p[HOCl] = $pC_{T,ocl}$ + 0.3 이며, 이는 산의 평형 해석에서, pH가 pKa와 같은, pH = pKa 인 점(그림에서 ⑧)에서 화학종 HOCl 와 OCl⁻ 농도는 같고, 그 농도는 산의 초기 총 농도의 1/2에 해당한다. 즉, 산의 반이 이온화됨을 가르킨다. 이 점은 시스템 포인트(system point)라고도 한다.

이상의 자료들로 그린, 차아염소산의 pC-pH 도표는 다음과 같다.

일양성자산 해리

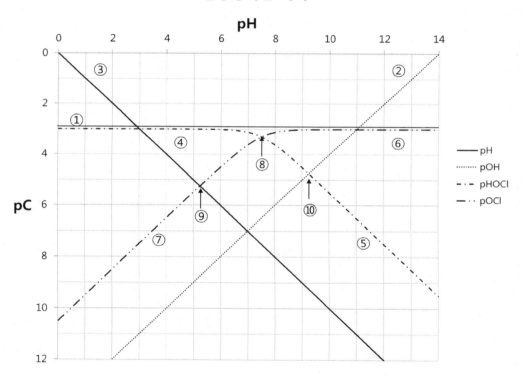

〈그림〉 차아염소산 해리 반응의 pC-pH 도표

(pKa = 7.5 , $[HOCl]_{T,ocl}$ = 1.0 × 10⁻³ mol/l)

이 그림에서 차아염소산 해리 반응의 평형점은 양성자 균형점을 만족시키는 점이다. 즉, $[H^+] = [OH^-] + [OCl^-]$ 인 점은, H^+ 농도 직선과 OH^- 농도와 OCl^- 농도를 합한 직선의 교차점이다. 한편, 차아염소산은 산이므로 $[H^+] \gg [OH^-]$ 이므로 윗 식은 $[H^+] \cong [OCl^-]$가 되고, H^+ 농도 직선과 OCl^- 농도 직선이 만나는 점이 산해리 평형점(그림에서 ⑨)이 된다. 따라서 평형에서의 pH는 pC-pH 도 표로부터 5.3 부근인 것을 알 수 있다. 이 값은 3.2.1절 혹은 3.2.2.절에서 계산에 의해 해석한 결과와 일치한다.

한편 산 염기 반응에서, 산의 염(salt)에 대한 평형을 해석하고자 할 때, 대수학의 산술적인 연산과정을 통해 계산하는 것은 때때로 복잡한 작업이다. 그에비하여 pC-pH 도표 그리기를 이용하면 비교적 간단하게 문제를 해결할 수도있다. 예를 들어 차아염소산의 염인 차아염소산소듐(NaOCl)의 평형을 pC-pH 도표를 이용해 해석해보자.

차아염소산소듐 수용액의 농도가, $[NaOCl] = 10^{-3}$ M인 수용액의 pH와 화학종 농도는 어떻게 되는가?

NaOCl 수용액을 HOCl 수용액과 비교하면, 해리하여 물 속에 나타나는 화학종은 HOCl, OCl^-, H^+, OH^-, 네 개 외에 Na^+ 해가 추가하여, 5개의 화학종이존재하고, 미지의 화학종 농도를 모두 구하려면 5개의 독립된 식이 필요하다.
이 용액의 평형상수와 화학종 균형식을 보면, 해리상수와 물의 이온곱상수는 차아염소산 수용액과 동일하고, 질량균형식도 똑같이 $C_{T,OCl} = [HOCl] + [OCl^-] = 10^{-3}$ 이며, 용해성이 큰 염의 성질에 따라 $[Na^+] = 10^{-3}$ 이다. 한편 산

(HOCl)에서는 전하 균형식과 양성자 균형식이 같았으나, 염(NaOCl)에서는 다르다. 전하 균형식은 소듐이온이 참여하여 $[H^+] + [Na^+] = [OH^-] + [OCl^-]$ 이고, N_aOCl 수용액의 양성자 균형식은, 양성자 기준 물질이 염이 물에 용해하여 생긴 차아염소산 이온(OCl^-) 이므로 이 화학종보다 양성자를 내는 정도가 강한 (proton excess 또는 proton rich) 화학종은 양성자와 차아염소산(HOCl) 이다. 차아염소산이온(OCl^-)에 비해 양성자를 받는 성격이 강한 (proton poor) 화학종은 수산화 이온, OH^- 뿐이다.

즉, NaOCl양성자 균형식은 HOCl에서와는 달리, 다음과 같이 쓸 수 있다.

$$[H^+] + [HOCl] = [OH^-]$$

양성자 균형식 외에 산해리 평형상수와 물의 이온곱상수 및 질량균형식이 같으므로, NaOCl 수용액 중 네 화학종 HOCl, OCl^-, H^+, OH^- 의 pC-pH 도표는 HOCl 에서와 동일하다. 다만 이 용액의 평형점은 NaOCl 수용액의 양성자 균형점을 만족 시키는 점을 도표 위에서 확인해야 한다. 도표를 보면 pH = 3 이상에서는 항상 [HOCl] 〉 [H⁺] 이다. 따라서 위의 양성자 균형 점은 [HOCl]≅ [OH⁻] 인 곳(그림에서 ⑩), pH ≅ 9.0 부근이다. 앞서 동일한 도표에서 10^{-3} M HOCl 수용액의 평형점 pH는 5.3으로 산이었으나, 동일한 농도의 염, NaOCl 수용액의 pH는 9.0 으로 염기성이다.

이처럼 pC-pH 도표를 이용한 산 염기 평형 해석은 산과 그의 염에 대해 동일한 pC-pH 그림을 그리게 되고, 하나의 그림을 통해 각각의 평형을 해석할 수 있는 방법이다.

3.3.2 이양성자산의 pC-pH 도해: H₂S 의 경우

    일양성자산에 대해 pC-pH 도표를 그리는 방법과 유사한 과정을 거치면 다양성자 산에 대한 pC-pH 도표를 그릴 수 있으며, 도표를 통해 평형에서의 pH 및 화학종의 농도를 산정할 수 있다. 다양성자산에 대한 예로 이 양성자산인 황화수소(H_2S)의 해리 평형을 알아본다.

    물 속에 용해된 황화수소(H_2S)의 총 농도는, $C_{T,S}$ = $10^{-3.5}$ M 이고, 산의 1차 및 2차 해리상수는 각각 pKa_1 = 7.0 , pKa_2 = 13.0 이며, 이 황화수소는 닫힌계(closed system)에 들어 있다고 가정한다.(황화수소는 휘발성이 있어서 계를 벗어날 수 있지만, 닫힌계는 계에 에너지의 출입은 가능하지만 물질의 출입은 불가능한 시스템이므로, 이 계에서 황화수소 총량은 해리반응이 진행되는 동안 변함없이 일정하다)

    황화수소의 1차 및 2차 해리 평형식과 물의 자동 이온화 평형식 값은 다음과 같다.

$$K_{a_1} = \frac{[H^+]\,[HS^-]}{[H_2S]} = 10^{-7.0} \qquad \cdots\cdots\cdots (1)$$

$$K_{a_2} = \frac{[H^+]\,[S^{2-}]}{[HS^-]} = 10^{-13.0} \qquad \cdots\cdots\cdots (2)$$

$$Kw = [H^+]\,[OH^-] = 10^{-14.0} \qquad \cdots\cdots\cdots (3)$$

질량 균형식은 계의 황화수소가 휘발하여 감소 혹은 소멸되지 않으므로,

$$C_{T,S} = [H_2S] + [HS^-] + [S^{2-}] = 10^{-3.5} \quad \cdots\cdots\cdots \text{(4)식}$$

전하 균형식은 다음과 같이 쓸 수 있으며, 산 용액의 경우 양성자 균형식과 같다. 양성자 균형식을 쓸 경우 양성자 균형 기준물질은 H_2S 이므로, 이 화학종 보다 양성자 과잉 화학종은 H^+ 뿐이고 나머지는 양성자 부족 화학종이 되며, 당량을 고려하여 S^{2-} 경우는 H^+와의 당량을 고려하여 계수가 2이다.

$$[H^+] = [OH^-] + [HS^-] + 2[S^{2-}] \quad \cdots\cdots\cdots \text{(5)식}$$

먼저 (4)식에 로그를 취하면,
$$pC_{T,S} = 3.5$$

(2)식으로부터,
$$pOH = 14 - pH$$
$$pH = -\log[H^+]$$

일양성자산에서와 유사한 방법으로 산해리상수와 질량균형식을 연립하여 정리하면, (1), (2)식과 (4)식으로부터 $[H_2S]$, $[HS^-]$, $[S^{2-}]$를 $C_{T,S}$ 및 $[H^+]$의 함수로 표시할 수 있다.

(4)식, $C_{T,S} = [H_2S] + [HS^-] + [S^{2-}] = 10^{-3.5}$ 에서 각 항이 H_2S를 포함하도록 정리하기 위해 1차 및 2차 산해리 상수를 이용하면 윗 식은,

$$C_{T,S} = [H_2S] + Ka_1 \cdot \frac{[H_2S]}{[H^+]} + Ka_2 \cdot \frac{[HS^-]}{[H^+]}$$

$$= [H_2S] + Ka_1 \cdot \frac{[H_2S]}{[H^+]} + Ka_2 \cdot \frac{Ka1 \cdot Ka2 \cdot [H_2S]}{[H^+]}$$

이 식을 정리하여 [H₂S]를 [H⁺]의 함수로 기술하는 것과 같은 방법으로 [HS⁻], [S²⁻]를 [H⁺]의 함수로 나타내면 다음 식을 얻는다.

$$[H_2S] = \frac{C_{T.S}}{1 + \dfrac{Ka_1}{[H^+]} + \dfrac{Ka_1 \, Ka_2}{[H^+]^2}} \qquad \cdots\cdots\cdots \quad (6)$$

$$[HS^-] = \frac{C_{T,S}}{\dfrac{[H^+]}{Ka_1} + 1 + \dfrac{Ka_2}{[H^+]}} \qquad \cdots\cdots\cdots \quad (7)$$

$$[S^{2-}] = \frac{C_{T,S}}{\dfrac{[H^+]^2}{Ka_1 \, Ka_2} + \dfrac{[H^+]}{K_2} + 1} \qquad \cdots\cdots\cdots \quad (8)$$

이들 식으로부터 pC-pH 도표를 그리기 위하여 식을 세 구간으로 나누어 생각하면,

(6)식, $[H_2S] = \dfrac{C_{T,S}}{1 + \dfrac{Ka_1}{[H^+]} + \dfrac{Ka_1\,Ka_2}{[H^+]^2}}$ 에 대하여,

첫째 구간은, 수소이온의 농도가 Ka_1 값 보다도 큰 영역 ($[H^+] \gg Ka_1 \gg Ka_2$), 즉 pH 〈 pKa_1 〈 pKa_2 인 경우, $Ka_1/[H^+]= Ka_1 \cdot Ka_2/[H^+] \cong 0$ 이 되므로 이 구간에서의 함수는 다음과 같이 정리할 수 있다.

$$[H_2S] = C_{T,s}$$

$$\log[H_2S] = \log C_{T,S} = 3.5$$

$$p[H_2S] = pC_{T,S} = 3.5 \ \cdots\cdots\cdots \ ①선$$

이 식의 기울기는 $\dfrac{d\log[H_2S]}{dpH} = 0$

둘째 구간은, 수소이온의 농도가 Ka_1 와 Ka_2 값 사이의 영역 ($Ka_1 \gg [H^+] \gg Ka_2$), 즉 pKa_1 〈 pH 〈 pKa_2 인 경우, $Ka_1/[H^+] \gg 1 \gg Ka_1 \cdot Ka_2/[H^+]^2$ 이 되므로 이 구간에서의 함수는 다음과 같이 정리할 수 있다.

$$[H_2S] = \frac{C_{T,S}}{(\frac{Ka_1}{[H^+]})}$$

$$\log[H_2S] = \log C_{T,S} + \log[H^+] - \log Ka_1 = \log C_{T,S} - pH + pKa_1$$

$$p[H_2S] = pC_{T,S} + pH - pKa_1 \quad \cdots\cdots\cdots\cdots ②선$$

이 식의 기울기는 $\dfrac{d\log[H_2S]}{dpH} = 1$ 이다.

셋째 구간은, 수소이온의 농도가 Ka_2 값 보다도 작은 영역 ($[H^+] \ll Ka_2 \ll Ka_1$), 즉 $pKa_1 \langle pKa_2 \langle pH$인 경우, $1 \langle Ka_1/[H^+] \ll Ka_1 \bullet Ka_2/[H^+]^2$ 이므로 이 구간에서의 함수는 다음과 같이 정리할 수 있다.

$$[H_2S] = \frac{C_{T,S}}{(\frac{Ka_1 \bullet Ka_2}{[H^+]^2})}$$

$$\log[H_2S] = \log C_{T,S} + 2\log[H^+] - \log Ka_1 - \log Ka_2$$

$$= \log C_{T,S} - 2pH + pKa_1 + pKa_2$$

$$p[H_2S] = pC_{T,S} + 2pH - pKa_1 - pKa_2 \quad \cdots\cdots\cdots\cdots ③직선$$

이 직선의 기울기는 $\dfrac{d\log[H_2S]}{dpH} = 2$ 이다.

이제 pC-pH 도표를 완성하려면 pKa$_1$, pKa$_2$ 부근에서의 값을 결정해야한다. 먼저, 수소이온 농도가 1차 산해리 상수와 같은 경우, [H$^+$] = Ka$_1$ ≫ Ka$_2$ (즉, pH = pKa$_1$ ⟨ pKa$_2$)이면 (6)식은,

$$[H_2S] = \frac{C_{T,S}}{(1+1)} = \frac{1}{2}C_{T,S}$$

$$p[H_2S] = pC_{T,S} + 0.3$$

그리고 수소이온 농도가 2차 산해리 상수와 같은 경우, [H$^+$]= Ka$_2$ ≪ Ka$_1$ (즉, pKa$_1$ ⟨ pKa$_2$ = pH)이면 (6)식은,

$$p[H_2S] = pC_{T,S} + pH - pKa_1 + 0.3$$

이 결과를 이용하여 모든 pH에서의 p[H$_2$S]를 도시할 수 있다.

동일한 방법으로 p[HS$^-$]와 p[S^{2-}]를 pH 함수로 정리하면 아래 그림과 같은 pC-pH 도표를 그릴 수 있다.

이양성자산 해리

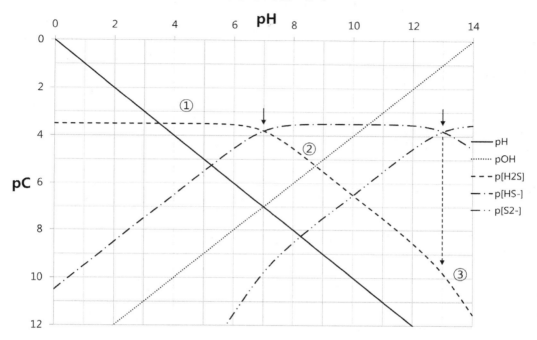

〈그림〉 황화수소산 해리 반응의 pC-pH 도표

(pKa₁ = 7.0 , pKa₂ = 13.0 , [H₂S]ₜ,ₛ = 1.0 x 10⁻³·⁵ mol/l)

3.3.3 이온화 분율과 화학종 분포 곡선

산·염기 평형을 해석하여 도시한 pC-pH 도표는 총 분석농도에 따라 달라진다. 평형을 해석함에 있어서 화학종 총 농도에 대한 각 화학종의 농도비, 즉 이온화분율(ionisation fraction), $\alpha = \dfrac{C_{화학종i}}{\sum\limits_{i} C_{화학종i}}$ 은 분석농도에 독립적이므로, 총 농도가 달라져도 변하지 않는 이온화 정도를 알 수 있다. 이를 그림으로 나타낸 것이 이온화 분율 분포 곡선인데, 이 화학종 분포곡선(species distribution curve)은 다음과 같은 특성을 갖는다.

(가) pH에 따른 각 화학종의 α 값을 도시한 것으로,

(나) 각 화학종의 농도는, $C_{화학종}$ = 해당 pH에서의 α값 × 총분석농도, 이 식을 통해 계산할 수 있으며,

(다) pH 에 따른 이온화 분율은 질량균형식과 평형식을 연립하여 얻는다.

차아염소산의 해리에 따른 이온화 분율은 다음과 같이 평형에 관한 식들을 이용하여 계산할 수 있다. 차아 연소산의 해리 반응식은,

$$HOCl \rightleftharpoons H^+ + OCl^- \quad (pKa = 7.5)$$

이 반응에 대한 질량 균형식, $C_{T,OCl} = [HOCl] + [OCl^-]$ 에 산의 평형식

$$Ka = \frac{[H^+][OCl^-]}{[HOCl]}$$ 를 대입하면,

$$C_{T,oa} = [HOA] + \frac{Ka}{[H^+]}[HOA],$$

이 식의 양변을 $C_{T,oa}$ 로 나누면,

$$1 = \frac{[HOA]}{C_{T,oa}} + \frac{Ka}{[H^+]}\frac{[HOA]}{C_{T,oa}}$$

이 식을 정리하면,

$$\frac{[HOA]}{C_{T,oa}} = \frac{[H^+]}{[H^+]+Ka} = \alpha_0$$

이는 평형에서 해리하지 않은 산의 비율이다.

같은 방법으로 정리하면 다음과 같이 산의 해리된 비율을 구할 수 있다.

$$\frac{[OA^-]}{C_{T,oa}} = \frac{Ka}{[H^+]+Ka} = \alpha_1$$

이 두 식으로부터 각 $[H^+]$혹은 pH에 따른 산의 이온화 분율을 계산할 수 있고, 다음 그림은 pH에 따른 이온화 분율을 나타낸 분포곡선이다.

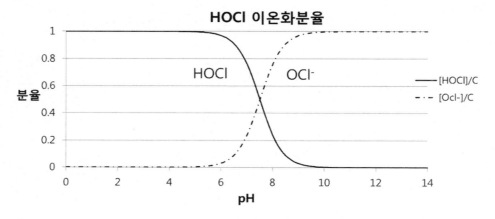

〈그림〉 HOCl의 이온화 분율과 화학종 분포 곡선

탄산염 평형

 **환경 속의 탄산염 순환**

대기 중의 이산화탄소 농도는 350 ppm정도로 그 양이 매우 적지만, 생물권에서의 동화 작용에 반드시 필요한 물질이며, 직접 혹은 물에 용해하여 토양권에서 다양한 화학 반응을 수반한다. 이처럼 이산화탄소와 탄산염은 지구화학적 물질순환에서 중심 역할을 하며, 그 양이 적기 때문에 순환 속도는 상대적으로 빠르다.

탄산염 화학종 반응의 대표적 예를 몇 가지 살펴보면, 광합성 과정에서 대기 중의 이산화탄소를 흡수하여 생물체(biomass)를 생산하고, 수중 및 토양 유기체 혹은 인간의 호흡을 통해 다시 대기 중의 이산화탄소 기체로 전환된다. 유기체를 통한 반응 이외에도 토양 광물들과 여러가지 무기 반응을 하는데, 한 예로 수질권에서는 이산화탄소 화학종(용존 기체, 탄산 혹은 탄산이온 등)의 많은 부분이 탄산칼슘($CaCO_3$) 형태로 전환되고, 용해도가 낮은 이 화합물은 호수나 바다에서 암반이나 산호 등의 고체물질로로 침전한다. 한편 화석 연료와 같이 지각 속 저장 물질에서 채굴된 탄소의 연소는 대기 중 이산화 탄소량을 증가시킨다.

이 단원에서는 수질화학적 관점에서 이산화탄소가 물 속에 용해하여 이루어진 계에 대하여 알아본다. 형성된 수용성 탄산염계의 화학 반응을 살펴보는 과정에서, 자연수에서의 산-염기 반응에서 가장 중요한 역할을 하는 탄산 H_2CO_3와 산과 염기 성질을 모두 갖는 양쪽성 탄산염 화학종 HCO_3^- 그리고 중요한 염기성 탄산염 화학종 CO_3^{2-} 의 평형을 해석한다.

아래 표에 이 단원에서 다루는 이산화탄소와 탄산염 화합물의 반응에 대한 반응식과 평형상수를 나타냈다.

<표> 탄산염 화학종 반응과 평형상수

		log K (25 ℃)
$CaCO_3(s)$	$\rightleftharpoons Ca^{2+}+CO_3^{2-}$	-8.42
$CaCO_3(s)+H^+$	$\rightleftharpoons HCO_3^-+Ca^{2+}$	1.91
$H_2CO_3{}^*$	$\rightleftharpoons H^++HCO_3^-$	-6.35
$CO_2(g)+H_2O$	$\rightleftharpoons H_2CO_3{}^*$	-1.47
HCO_3^-	$\rightleftharpoons H^++CO_3^{2-}$	-10.33

4.2 열린계에서의 탄산염 평형

4.2.1 기체상태의 CO_2와 평형에 있는 물

물과 대기 중의 CO_2가 평형에 있다면 그 계(system)는 열린계(open system)이다. 열린계는 계를 둘러싼 주변(surrond)과 에너지 뿐만 아니라 물질을 교환할 수 있는 여건을 가진 상태이다.

빗방울은 그 속의 물이 주변 대기와 이산화탄소를 지속적으로 주고 받을 수 있는 열린계의 한 예이다.

대기 중의 CO_2 농도가 316 ppm(0.0316 vol% 또는 $10^{-3.5}$ atm) 이라면, 이 기체와 평형에 있는 빗물의 pH와 탄산염 조성은 어떤지 알아보자.

25 ℃에서 이산화탄소의 헨리상수(Henry constant), K_H는 $10^{-1.5}$ (mol/atm·l) 이고, 탄산(H_2CO_3)의 1차 및 2차 산해리 상수 pKa_1와 pKa_2는 각각 6.38 와 10.38 이다.

평형에 이산화탄소와 빗물 이외에 다른 화학종의 간섭이 없다면, 이 탄산염 계에 존재하는 화학종은, $H_2CO_3^*$, HCO_3^-, CO_3^{2-}, H^+, OH^- 의 5개 이므로 다음 식들을 이용하여 탄산염 평형을 해석할 수 있다.

열린계에서 물속의 탄산 농도는 다음과 같이 헨리법칙을 통하여 계산할 수 있다.

$$[H_2CO_3^*] = K_H \cdot P_{CO_2} = 10^{-1.5} \cdot 10^{-3.5} = 10^{-5} \quad \cdots\cdots\cdots (1)$$

이 식에서 $[H_2CO_3^*]$는 물 속에 녹아있는 용존 이산화탄소농도 $[CO_{2(aq)}]$ 와 이산화탄소가 물과 반응한 탄산농도 $[H_2CO_3]$의 합 ($[H_2CO_3^*] = [CO_{2(aq)}] + [H_2CO_3]$)이다.

다음 식들은 탄산의 1차 및 2차 산해리 반응과 물의 자동 이온화 평형상수이다.

$$\frac{[H^+][HCO_3^-]}{[H_2CO_3^*]} = Ka_1 = 10^{-6.38} \quad \cdots\cdots\cdots (2)$$

$$\frac{[H^+][CO_3^{2-}]}{[HCO_3^-]} = Ka_2 = 10^{-10.38} \quad \cdots\cdots\cdots (3)$$

$$[H^+][OH^-] = Kw = 10^{-14} \quad \cdots\cdots\cdots (4)$$

한편 이 평형의 전하균형 또는 양성자 균형식은,

$$[H^+] = [HCO_3^-] + 2[CO_3^{2-}] + [OH^-] \quad \ldots\ldots\ldots(5)$$

그리고 탄산염 화학종의 질량 균형식은 다음과 같은데, 이는 물질의 유입이나 유출이 없어서 계의 물질 총 농도(C_{T, CO_3})가 일정한 닫힌계와 다르다.

$$C_{T, CO_3} = [H_2CO_3^*] + [HCO_3^+] + [CO_3^{2-}] \quad \ldots\ldots(6)$$

이 식들을 이용하여 pH에 따른 각 화학종의 농도(logC) 도표, logC-pH를 다음과 같이 그릴 수 있다.

(1)식에서

$$\log[H_2CO_3^*] = \log K_H + \log P_{CO_2} = -5$$

(2)식에서

$$\log[HCO_3^-] = -\log[H^+] + \log[H_2CO_3^*] + \log Ka_1 = pH - 11.3$$

이 식은 기울기가, $\dfrac{d\log[HCO_3^-]}{dpH} = 1$ 이고, 식에서 알 수 있듯이,

$pH = -\log Ka_1 = pKa_1$ 일 때 $\log[HCO_3^-] = \log[H_2CO_3^*]$이므로,

pH = 6.38 일 때 $\log[HCO_3^-]$ 직선과 $\log[H_2CO_3^*]$ 직선은 서로 교차한다.

(3)식을 다음과 같이 정리하고,

$$[CO_3^{2-}] = Ka_2 \cdot \frac{[HCO_3^-]}{[H^+]} = Ka_2 \cdot Ka_1 \cdot \frac{[H_2CO_3]}{[H^+]^2}$$

양변에 로그를 취하면,

$$\log[CO_3^{2-}] = \log Ka_2 + \log Ka_1 + \log[H_2CO_3^*] + 2pH$$

$$= -10.3 - 6.3 - 5 + 2pH = -21.6 + 2pH$$

이 식은 기울기가 2이고, 윗 식에서 알 수 있듯이, $2pH = pKa_1 + pKa_2$ 또는 pH=8.3 일 때, 두 직선 $\log[CO_3^{2-}]$ 과 $\log[H_2CO_3^*]$ 은 서로 교차한다.

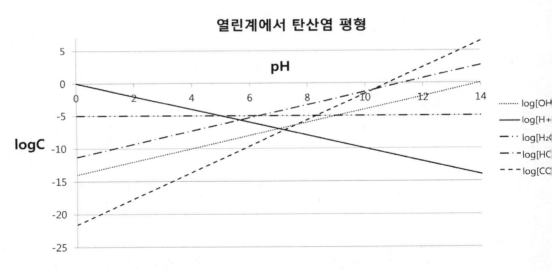

〈그림〉 열린계의 탄산염 평형 – 대기 중의 물과 CO_2의 평형

계에 물과 이산화탄소만 존재하므로, 계의 평형점은 탄산의 전하 균형식 혹은 양성자 균형식인 (5)식을 만족 시키는 점이다. (5)식의 화학종농도를 그래프에서 확인해보면, pH 10.0 이하에서는 $[HCO_3^-]$가 $[CO_3^{2-}]$ 또는 $[OH^-]$ 보다 훨씬 큰 값을 갖고, pH 10.0 이상에서는 $[CO_3^{2-}]$가 $[HCO_3^-]$ 또는 $[OH^-]$ 보다 훨씬 큰 값을 갖는다. 따라서 $[H^+]$ 농도 직선과 교차점이 나타나는 곳은 그림에서 $[H^+] \simeq [HCO_3^-]$ 인 점이 점이며, 그곳이 평형점이다.

(5)식은 다른 산 염기가 가해지지 않았을 때의 물의 조성을 알려준다. 대기오염으로 인한 HNO_3, H_2SO_4 와 같은 산이나 NH_3와 같은 염기가 계(빗방울)에 유입되면 pH값은 달라지고 다른 화학종의 농도도 그에 상응하게 된다.

열린계에서의 탄산염 평형을 나타낸 이 logC-pH 도표는, 오염되지 않은 대기의 빗물이 이산화탄소와 평형을 이룬 계에 해당하므로, 이 그림으로부터 빗물의 pH와 다른 화학종의 농도를 산정할 수 있다. 그 결과는 다음과 같다.

$$pH = 5.7$$
$$[H_2CO_3^{\,*}] = 1 \times 10^{-5}M$$
$$[HCO_3^-] = 2 \times 10^{-6}M$$
$$[CO_3^{2-}] = 6 \times 10^{-11}M$$

빗물의 pH 계산

빗물의 산 염기 평형은 logC-pH 도표를 통한 평형해석 이외에도, (1)-(5)식을 연립하여 계산하는 방법을 통해서도 얻을 수 있다.

빗물의 pH를 계산하기 위하여 생각할 수 있는 가장 간단한 계의 모형은, 대기 중의 이산화탄소가 순수한 물에 용해되어 탄산을 형성하고, 탄산이 해리하여 산성을 나타나는 평형을 생각하는 것이다. 이에 대한 화학 반응식과 산해리 평형상수는 다음과 같다.

$$CO_{2(g)} + H_2O \;\rightleftharpoons\; H_2CO_3$$

$$H_2CO_3 \;\rightleftharpoons\; H^+ + HCO_3^-$$

$$Ka = \frac{[HCO_3^-]\,[H^+]}{[H_2CO_3]}$$

위의 산해리 반응식에서 보는 것처럼 탄산 1몰이 해리하면 양성자와 탄산수소이온은 같은 양, 1몰씩 생성된다. 따라서 Ka 는 다음과 같이 쓸 수 있다.

$$Ka = \frac{[H^+]\,[HCO_3^-]}{[H_2CO_3]} = \frac{[H^+]^2}{[H_2CO_3]}$$

이 식의 탄산 농도, $[H_2CO_3]$는 대기 중의 이산화탄소가 물(빗방울)에 용해된 것으로, 다음 헨리 법칙으로부터 계산할 수 있다.

$$K_H = \frac{[H_2CO_3]}{{}_PCO_2} \quad \text{로부터} \quad [H_2CO_3] = K_H \, {}_PCO_2$$

이 농도를 산해리 평형상수, Ka 에 대입하면,

$$[H^+]^2 = Ka \cdot K_H \cdot {}_PCO_2$$

이 식의 산해리상수, 헨리상수 및 대기중 이산화탄소의 분압은 다음 값을 가지므로,

$$Ka = 10^{-6.38}, \quad K_H = 10^{-1.5} \, mol/atm \cdot l, \quad {}_PCO_2 = 10^{-3.5} \, atm$$

이 값으로 부터 계산한 빗물의 pH는 5.7 이다.

이는 산과 염기를 나누는 기준인 pH =7.0 에 비하면 상당히 낮은 값이며, 오염되지 않은 대기 중에 내리는 비는 항상 산성이라고 할 수 있다. 그러나 대기 중의 이산화탄소에 의해 일어나는 자연적인 산·염기 평형에 따른 것이므로, 이 값은 산성비의 기준 값으로 생각할 수 있고, 이보다 pH가 낮은 비를 "산성비 (acid rain)"라고 정의할 수 있다.

4.3 닫힌 탄산염계

계(system)의 구분에서 열린계와 닫힌계는 모두 경계(boundary)를 통하여 주위(surround)와 에너지를 교환할 수 있지만, 차이는 경계를 통하여 물질교환이 가능한지의 여부에 따라 달라진다.

주위와 물질 교환이 가능한 열린계의 예로써, 앞에서 물(system)이 일정한 CO_2분압(P_{CO2})을 갖는 대기(surround)와 평형에 있을 때의 pH와 탄산염농도를 해석하였는데 환경에서 대기와 물질을 교환하는 강이나 호수 또는 바다의 수표면이 이와 같은 열린계 모형이 된다.

한편 닫힌계는 계의 내부에서만 물질 교환(반응)이 일어나고, 계 내부 물질의 총 농도가 일정한 계이다. 계 내의 수용액이 기체상과 단절되어 있는 경우뿐 아니라 상호교환이 일어나지 않을 때, 즉 물 속에 기체상이 존재하더라도 비휘발성이라고 가정하는 경우 닫힌계로 생각할 수 있다. 환경에서 닫힌계의 예는 대기와 상호 작용이 어려운 호수나 바다의 깊은 곳 또는 상하수도의 배관 속에서 일어나는 반응은 닫힌계의 모델로 생각할 수 있다.

그 외에 고립계가 있는 데, 이는 계와 주위가 완전히 단절 되어서 물질의 교환 뿐 아니라 에너지의 교환도 불가능한 계를 일컫는다. 이는 뚜껑이 닫혀있는 이상적인 보온병과 같은 상태로 생각할 수 있으며, 실제 환경의 예로는 깊은 지하 공간에서의 반응을 고립계 모델로 생각할 수 있다.

여기에서는 닫힌계에서의 탄산염 평형을 알아본다. 닫힌계는 내부에 변하지 않는 일정한 농도로 물질을 함유하고 있는 계이다. 탄산염 평형을 알아보기 위하여 물 속에 탄산염 화학종의 총 농도가 10^{-3} mol/l 인, 즉 C_{T,CO_3} =[H₂CO₃] + [HCO₃⁻] + [CO₃²⁻] = 10^{-3} M 인 수용액의 평형을 해석한다.

이 계는 탄산이 물속에 용존된 것으로, 그 속에 존재하는 화학종은 열린계에서와 마찬가지로 H_2CO_3 , HCO_3^- , CO_3^{2-} , H^+, OH^- 다섯 개 이다.

이양성자산인 탄산의 산 해리 반응은 다음과 같이 단계적으로 일어나는 두 개의 반응식으로 기술할 수 있다.

$$H_2CO_3 \; \rightleftharpoons \; H^+ + HCO_3^-$$

$$HCO_3^- \; \rightleftharpoons \; H^+ + CO_3^{2-}$$

1차 및 2차 해리에 대한 평형상수와 그 값은 다음과 같다.

$$Ka_1 = \frac{[H^+][HCO_3^-]}{[H_2CO_3]} = 10^{-6.3} \; \cdots\cdots\cdots \; (1)$$

$$Ka_2 = \frac{[H^+][HCO_3^{2-}]}{[HCO_3^-]} = 10^{-10.3} \; \cdots\cdots\cdots \; (2)$$

다음은 탄산염 수용액의 용매인 물의 자동이온화 상수, 물의 이온곱이다.

$$Kw = [H^+][OH^-] = 10^{-14.0} \quad \cdots\cdots\cdots \quad (3)$$

이어서 화학 평형을 해석하는 데 필요한 독립식을 기술한다.

질량 균형식을 쓸 때 계의 상태를 고려해야한다. 이 계는 탄산염의 총 농도가 10^{-3} mol/l 로 일정한 닫힌계인데, 이는 앞서 논의한, pH에 따라 농도가 변하는 열린계(빗방울)의 경우와 구별할 수 있어야 한다.

$$C_{T, CO_3} = [H_2CO_3] + [HCO_3^-] + [CO_3^{2-}] = 10^{-3}M \quad \cdots\cdots\cdots \quad (4)$$

전하 균형식은 화합물, 탄산의 평형에 대해 기술하는 것으로 이는 열린계의 전하 균형식과 동일하다. 한편 전하 균형식 대신 양성자 균형식을 고려할 수도 있는데, 그 경우 양성자 균형 기준 물질은 탄산, H_2CO_3이 되고 기준에 따라 존재하는 화학종을 구분하면, 탄산보다 더 강한 양성자 과잉 화학종은 H^+ 하나 뿐 이고 나머지 세 화학종, HCO_3^- , CO_3^{2-} , OH^- 는 양성자 부족 화학종이므로 이들 사이의 당량 균형은 다음과 같다.

$$[H^+] = [HCO_3^-] + 2[CO_3^{2-}] + [OH^-] \quad \cdots\cdots\cdots \quad (5)$$

이 탄산염 계에 들이 있는 화학종이 5개 이므로 (1)식에서 (5)식에 이르는 다섯 개의 독립된 식을 연립하여 평형을 해석할 수 있다.

평형 해석의 한 과정을 예를 들어 설명하면,

질량균형식(4식)의 화학종 농도를 산해리 평형상수와 결합하여 하나의 화학종 농도로만 표기 할 수 있다. 즉, 두 농도, [HCO₃⁻] , [CO₃²⁻]를 [H₂CO₃]로 치환하기 위하여 산의 1차 해리 상수와 2차 해리상수를 이용하면 질량균형식을 다음과 같이 정리하여 기술할 수 있다.

$$C_{T,\,CO_3} = [H_2CO_3] + [HCO_3^-] + [CO_3^{2-}]$$

$$= [H_2CO_3] + \frac{K_{a1} \cdot [H_2CO_3]}{[H^+]} + \frac{K_{a2} \cdot [HCO_3^-]}{[H^+]}$$

$$= [H_2CO_3] + \frac{K_{a1} \cdot [H_2CO_3]}{[H^+]} + \frac{K_{a1} \cdot K_{a2} \cdot [H_2CO_3]}{[H^+]^2}$$

$$= [H_2CO_3](1 + \frac{K_{a1}}{[H^+]} + \frac{K_{a1} \cdot K_{a2}}{[H^+]^2})$$

이 식은 탄산염 총 농도를 탄산 농도 [H₂CO₃]와 수소이온 농도 [H⁺]로 정리한 것인데, 같은 방법으로 탄산수소이온 농도 및 탄산이온 농도도 수소이온농도만의 함수로 나타낼 수 있다.

$$C_{T,\,CO_3} = [HCO_3^-]\left(\frac{[H^+]}{K_{a1}} + 1 + \frac{[K_{a2}]}{[H^+]}\right)$$

$$C_{T,\,CO_3} = [CO_3^{2-}]\left(\frac{[H^+]^2}{K_{a1}K_{a2}} + \frac{[H^+]}{K_{a2}} + 1\right)$$

위의 세 식은 각 화학종농도를 탄산염 총농도로 나눈 값으로 정리하여 다음과 같이 쓸 수도 있다.

$$\frac{[H_2CO_3^*]}{C_{T,CO_3}} = \frac{1}{\left(1 + \dfrac{Ka_1}{[H^+]} + \dfrac{K_{a1}K_{a2}}{[H^+]^2}\right)} = \alpha_0$$

$$\frac{[HCO_3^-]}{C_{T,CO_3}} = \frac{1}{\left(\dfrac{[H^+]}{K_{a1}} + 1 + \dfrac{[K_{a2}]}{[H^+]}\right)} = \alpha_1$$

$$\frac{[CO_3^{2-}]}{C_{T,CO_3}} = \frac{1}{\left(\dfrac{[H^+]^2}{K_{a1}K_{a2}} + \dfrac{[H^+]}{K_{a2}} + 1\right)} = \alpha_2$$

이 세 식의, α_0, α_1, α_2 값이 나타내는 것은 해리 평형 상태에서, 탄산염 전체 농도에 대한 각 화학종의 농도비, 즉 전체 탄산염 중에서 해리하지 않은 산, 1차 해리한 탄산수소 화학종 및 2차 해리한 탄산 이온의 비율을 나타내는데, 이 값은 탄산의 이온화 분율 (ionization ratio) 이다. 한편 이온화 분율을 수소 이온의 농도, [H⁺], 또는 pH의 함수로 도시하면 다음과 같이 각 탄산염의 이온화 분율을 알 수 있는 화학종 분포 곡선 (species distribution curve)을 얻는다.

탄산염 화학종 이온화 분율

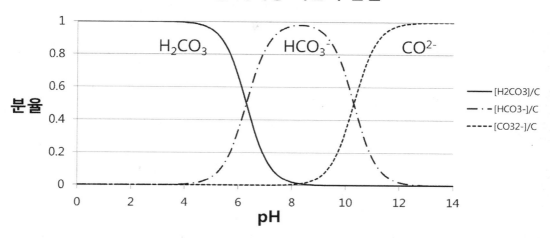

〈**그림**〉 닫힌계에서의 탄산염 화학종 이온화 분율 분포 곡선

수소이온 농도 함수로 나타낸 이온화 분율을 구하는 것은 산해리 평형을 해석하는 하나의 방법이다. 이 과정을 통하여 특정한 pH에서 각 화학종의 이온화 분율을 계산하거나 분포 곡선으로부터 산정할 수 있으며, 이온화분율 값을 통하여 평형에서의 각 탄산염 화학종 농도를 계산할 수 있다.

$$[H_2CO_3] \;=\; C_{T,CO_3} \cdot \alpha_0$$

$$[HCO_3^-] \;=\; C_{T,CO_3} \cdot \alpha_1$$

$$[CO_3^{2-}] \;=\; C_{T,CO_3} \cdot \alpha_2$$

이온화 분율을 구하지 않고, 앞의 황화수소산에서와 같이 탄산에 대한 pC-pH 도표를 그릴 수도 있다. 이는 다음과 같이 황화수소산의 해리를 해석한 경우와 같은 과정을 통하여

$[H_2CO_3]$, $[HCO_3^-]$, $[CO_3^{2-}]$를 $[H^+]$의 함수로 나타내면 다음 식을 얻는다.

$$[H_2CO_3] = \frac{C_{T,CO_3}}{1 + \dfrac{Ka_1}{[H^+]} + \dfrac{Ka_1\,Ka_2}{[H^+]^2}} \quad \cdots\cdots\cdots \quad (6)$$

$$[HCO_3^-] = \frac{C_{T,CO_3)}}{\dfrac{[H^+]}{Ka_1} + 1 + \dfrac{Ka_2}{[H^+]}} \quad \cdots\cdots\cdots \quad (7)$$

$$[CO_3^{2-}] = \frac{C_{T,CO_3}}{\dfrac{[H^+]^2}{Ka_1\,Ka_2} + \dfrac{[H^+]}{K_2} + 1} \quad \cdots\cdots\cdots \quad (8)$$

이들 식으로부터 pC-pH 도표를 그리기 위하여 각 식을 다음과 같이 세 구간으로 나누어 생각할 수도 있다.

첫째 구간은, 수소이온의 농도가 Ka_1 값 보다도 큰 영역 ($[H^+] \gg Ka_1 \gg Ka_2$), 즉 pH < pKa_1 < pKa_2 인 경우이고, 이 구간에서의 $p[H_2CO_3]$ 함수는 다음과 같이 정리할 수 있다.

$$p[H_2CO_3] = pC_{T,CO_3} = 3.0$$ 이고 이 직선의 기울기는 0이다.

둘째 구간은, 수소이온의 농도가 Ka_1 와 Ka_2 값 사이의 영역 ($Ka_1 \gg [H^+] \gg Ka_2$), 즉 $pKa_1 < pH < pKa_2$ 인 경우이고, 이 구간에서의 $p[H_2CO_3]$ 함수는 다음과 같이 정리할 수 있다.

$$p[H_2CO_3] = pC_{T,CO_3} + pH - pKa$$ 이고 이 직선의 기울기는 -1이다.

이 식의 기울기는 $\dfrac{dlog[H_2CO_3]}{dpH} = 1$ 이다.

셋째 구간은, 수소이온의 농도가 Ka_2 값 보다도 작은 영역 ($[H^+] \ll Ka_2 \ll Ka_1$), 즉 $pKa_1 < pKa_2 < pH$인 경우이고, 이 구간에서의 $p[H_2CO_3]$ 함수는 다음과 같이 정리할 수 있다.

$$p[H_2CO_3] = pC_{T,CO_3} + 2pH - pKa_1 - pKa_2$$ 이고 이 직선의 기울기는 -2이다.

세 구간에서 직선의 기울기가 다른데, 이는 pH에 따른 $p[H_2CO_3]$ 직선의 기울기가, 1차 및 2차 해리상수 값인 pKa_1 와 pKa_2 를 기준으로 세 구간에서, pH가 낮은 영역에서부터 0, -1, -2로 변하는 것을 뜻한다.

p[H$_2$CO$_3$] 에서와 같은 방법으로 p[HCO$_3^-$]와 p[CO$_3^{2-}$]도 pH의 함수로 정리하여 도시하면, 닫힌계의 탄산 해리 평형에 대한 pC-pH 도표를 그릴 수 있고, 도표를 통하여 다양한 탄산염 화학종의 평형을 해석할 수 있다.

닫힌계에서 탄산염 평형

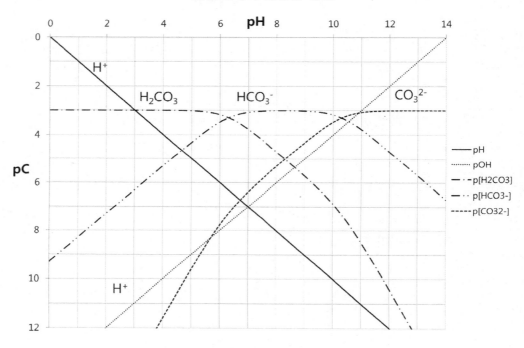

〈그림〉 닫힌계에서 탄산의 해리에 대한 pC-pH 도표

4.4 알칼리도와 산도

알카리도 (alkalinity) : 어떤 물이 산을 중화할 수 있는 척도

> (acid Neutralizing Capacity)

산도(acidity) : 어떤 물이 염기를 중화할 수 있는 척도

> (Base Neutralizing Capacity)

실험적정의 알칼리도 기여성분은 닫힌계의 탄산염 화학종과 수산화 물의 합이다.

알칼리도 적정에서 나타나는 화학종의 변화는 다음과 같다.

(1) $H^+ + OH^- \rightarrow H_2O$: 이때 나타나는 $pH = pH_{CO_3^{2-}}$

> CO_3^{2-} : 주된 화학종
>
> pH $\approx$ 10 (pH of $C_{TCO_3^{2-}}$ M Na_2CO_3)
>
> 가성알칼리도 : 높은 pH에서의 완충효과로 결과변화가 심함
>
> 가성알칼리도 = 총알칼리도 – 탄산염알칼리도

(2) $H^+ + CO_3^{2-} \rightarrow HCO_3^-$: $pH_{HCO_3^-}$, 주된 화학종 HCO_3^-

> pH $\approx$ 8.3 (pH of $C_{TCO_3^{2-}}$ M $NaHCO_3$)
>
> 탄산염알칼리도(Phenolphthalein Alkalinity)

(3) $H^+ + HCO_3^- \rightarrow H_2CO_3$: pH_{CO_2}, 주된화학종 H_2CO_3 (반응거의 완료)

$$pH \approx 4.5 \ (pH \ of \ C_{TCO_3} \ M \ CO2)$$

총 알칼리도 (Methyl Orange Alkalininty)

산도 적정에서의 화학종 변화는 다음과 같다.

(1) $OH^- + H^+ \rightarrow H_2O$: pH_{CO_2}, 광산도 , M–O Acidity

(2) $OH^- + H_2CO_3^* \rightarrow HCO_3^- + H_2O$: $pH_{HCO_3^-}$,

탄산산도, phenolphthalein 산도

(3) $OH^- + HCO_3^- \rightarrow CO_3^{2-} + H_2O$: $pH_{CO_3^{2-}}$, 변화가 심하다.

5

착화합물 형성 반응

착화합물 형성

5.1.1 금속 이온과 리간드

수질화학에서 중요한 반응으로 착화합물 형성을 다루는 것은 물속의 금속이온들은 그 자체가 자유 이온(free ion)으로 존재하기보다 물 분자와 결합하여 착화합물을 형성하고 있는 것으로부터 시작되기 때문이다. 이와 같이 이온들이 용매인 물 분자와 상호작용하여 생긴 화학종은 수화이온(hydrated ion) 또는 아쿠오착물(aquocomplex)이라고 부른다.

일반적으로 자연 수질계에는 용매인 물 이외에도 금속 이온들과 착화합물을 형성할 수 있는 다양한 무기물질 혹은 유기물질이 존재하는데, 이런 물질들을 리간드(ligand)라고 한다. 따라서 수질화학에서 금속이온들의 특성을 분석하기 위해서는 물 속에서 다양한 리간드들과 착화합물을 형성하는 반응을 이해해야 한다. 형성되는 착화합물들은 금속 자유이온이나 수화이온들과는 구별되는 다른 성질들, 예를 들어 용해도나 산화 환원 거동 등이 다른 특성을 나타낸다.

착화합물은 중심 이온(수질계에서 많은 경우 금속 이온)에 한 개 혹은 여러 개의 리간드가 중심 이온을 둘러싼 구조로 그 사이에는 대부분 정전기적인 힘이 작용한다. 둘러싼 리간드 수를 배위수(CN: coordination number)라 하고, 생성되는 착화합물은 이온과 리간드의 전하에 따라 양이온-, 음이온-, 중성-착화합물이 생성된다. 수질계에서 대표적인 무기 리간드는 물(H_2O) 이외에,

OH^-, HCO_3^-/CO_3^{2-}, Cl^-, SO_4^{2-}, HS^-/S^{2-}, NH_3 등을 들 수 있는데 이들은 산·염기 반응, 산화·환원 반응 혹은 침전과 용해 등과 함께 다루어야하는 경우가 많다. 한편 유기 리간드로는 아미노산이나 부식질(humic substance)과 같은 자연물질 뿐 아니라 EDTA(ethylenediamine tetraacetic acid)나 NTA(nitrilotriacetic acid)같은 인위적 오염물질이 물 속의 금속 이온들과 착화합물을 형성한다.

특히 EDTA나 NTA는 한 분자 내에 있는 여러개의 질소와 산소 원자가 중심 금속 이온과 동시에 결합하여 착화합물을 형성하는데, 이와 같은 리간드는 한 분자(혹은 이온) 내의 한 자리(site)만 중심 금속 이온과 결합하는 한자리(monodentate) 리간드와 구별하여 여러자리(multidentate) 리간드 혹은 킬레이트(chelate)라고 한다.

이러한 리간드들은 중심 금속 이온을 안정화시키고 용액 상태에 존재케 함으로써 금속의 용해도를 증가시키는데 기여하기도 한다.

5.1.2 착화합물과 배위수

금속 이온들은 전자쌍을 받아들이는 루이스 산(Lewis acid)에 해당하므로 원칙적으로 착화합물 형성에서 전자쌍을 줄 수 있는 루이스 염기(Lewis base)에 해당하는 리간드를 만나 결합을 형성할 수 있다.

금속이 이렇게 착화합물을 형성하려는 경향은 주기율표에서 가늠할 수 있으며 착화합물의 안정도에 따라 반응 특성이 달라진다. 해당 금속 이온의 전자배치와 리간드의 전자쌍 주개 능력은 착화합물 형성 여부를 결정하는데 가장 중요한 요인이다. 특히 전이 금속 양이온들이 리간드를 받아들여 착화합물을 잘 형성하는데, 이 이온들의 전자 결핍은 최외각에서 뿐 아니라 내부 전자껍질에서도 나타난다. 예를 들어 4주기의 금속들은 3d-궤도 전자들이 채워지지 않은 상태이다. Fe^{2+}/Fe^{3+}, Co^{2+}/Co^{3+}, Zn^{2+}, Mn^{2+}, Cr^{3+} 등과 같은 이온들이 그에 해당하는데, 한 예로 Zn^{2+} 이온의 전자 배치는 $1s^2 2s^2 2p^6 3s^2 3p^6 4s^2 3d^7$으로 4s궤도는 전자가 차있으나 10개의 전자가 들어갈 수 있는 3d궤도에는 전자가 7개만 있고 꽉 채워지지 않은 상태이다.

리간드는 주로 자유 전자쌍을 갖는 음이온이나 비공유전자 쌍을 갖고 있는 분자 화학종으로, 그 전자쌍을 금속 이온에 공여(donation)함으로써 착화합물 결합을 형성하는데 아래 표에 대표적인 리간드의 몇 가지 예를 나타내었다.

〈표〉 리간드의 예

음이온	F^-(플루오린화 이온), Cl^-(염화 이온), I^-(아이오딘화 이온), OH^-(수산화이온), CN^-(사이안산화 이온), SCN^-(싸이오사이안산 이온), $R-S^-$(티오레이트), $R-COO^-$(카르복실산 이온)
분자	NH_3(암모니아), $R-NH_2$(아민), NO(일산화질소), CO(일산화탄소), O_2(산소), H_2O(물), $R-OH$(알코올), 이써($R-O-R'$)

리간드들은 기본적으로 비금속원소 화합물이다. 무기화합물 뿐 아니라 유기화합물들도 리간드로 착화합물을 형성하는데, 이는 질소, 산소 혹은 황 원자를

함유하는 극성 작용기를 갖고있는 화합물 들이 대부분이다. 배위수는 중심 금속 이온을 에워싸고 있는 리간드의 결합자리 수를 일컫는 것으로 무엇보다 리간드의 크기와 중심 금속 이온의 크기 및 전자 배치 구조에 따라 달라진다.

알려진 금속 착화합물의 배위수는 2에서 12까지 매우 다양하나, 착화합물에서 가장 흔한 배위수는 2와 4 그리고 6 이다. 이 배위수는 금속 이온의 전하와는 관계가 없으며, 착화합물의 구조를 설명함에 있어 CN = 2이면 직선, CN = 4이면 정사면체(tetrahedron) 혹은 사각형(square), CN = 6이면 정팔면체(octahedron) 구조의 화합물을 고려할 수 있다.

착화합물 리간드 중에는 하나의 전자쌍 주개 원자만을 갖는 것 이외에도, 특히 한 화합물 구조 안에 여러 개의 전자쌍 주개 원자를 갖고 있으며 이들이 동시에 하나의 중심 금속 이온을 에워싸 결합을 형성하는 것이 있다. 이러한 리간드들은 한 화학종 내에 여러 개의 착화합물 형성 자리를 갖고 있는 여러자리 리간드(multidentate 혹은 polydentate ligand: dentate는 'dental-치아의'에서 유래)이며 킬레이트(chelate: 크리스어, chelat, 게의 집게에서 유래. 집게형 혹은 가위형 화합물)라고 한다. 이와같이 한 화합물 내에 2개 이상의 결합 자리를 갖는 여러 자리 리간드가 한 금속 이온을 에워싸 형성한 착화합물이 킬레이트 착화합물(chelate complex)이다.

킬레이트 착화합물은 킬레이트의 결합 자리 수 만큼의 한자리 리간드 여러 개가 중심 금속 이온과 결합한 한자리 리간드 착화합물에 비해서 화학적으로 더 안정한데, 이를 킬레이트 효과(chelate effect)라고 한다.

이는 착화합물 평형 상수인 안정화 상수를 비교하여 보면 확실해 진다. 물 속에서 니켈(II) 이온이 한 자리 (monodentate) 리간드인 암모니아(NH_3) 여섯 분자와 결합하는 경우와 두 자리(bidentate) 리간드인 에틸렌디아민(en: ethylendimine) 두 분자와 결합하는 반응의 안정화 상수 (혹은 착물형성 상수), K 는 다음과 같다.

$$[Ni(H_2O)_6]^{2+} + 6NH_3 \rightleftharpoons [Ni(NH_3)_6]^{2+} + H_2O \qquad K = 2.0 \times 10^9$$

$$[Ni(H_2O)_6]^{2+} + 3en \rightleftharpoons [Ni(en)_3]^{2+} + 6H_2O \qquad K = 3.8 \times 10^{17}$$

〈그림〉 두 착화합물, $[Ni(NH_3)_6]^{2+}$ 와 $[Ni(NH_3)_6]^{2+}$ 의 구조

첫 번째 반응은 6개의 물 분자로 수화된 Ni^{2+}이온이, 물보다 착화합물 형성 능력이 큰 6개의 암모니아 분자로 치환된 것으로 반응계의 물질 질서 변화는 크지 않은 경우이다. 두 번째 반응은 6개의 물 분자가 Ni^{2+}이온에서 떨어져 나가고, 물보다 강한 리간드인 비공유결합 전자쌍을 가진 질소 원자 2개를 함유하고 있는 에틸렌디아민 분자 3 개가 결합한 것이다.

강한 리간드 결합력 외에도 반응계에 참여하는 입자들의 수가 첫 번째 반응에서는 반응 전후에 7개씩으로 변화가 없지만, 두 번째 반응에서는 4개에서 7개로 증가하여 계의 무질서도가 증가한다. 따라서 반응의 자발성 척도인

Gibb's 에너지식 $\triangle G = \triangle H - T\triangle S$ 에서 $\triangle S$ 증가에 따라 $\triangle G$에 변화가 나타난다.

이러한 '킬레이트 효과'는 한 킬레이트 내에 결합자리가 많은 리간드에서 더 크다. 예를 들어 EDTA(ethylenediamine tetraacetic acid) 착화합물은 안정도가 매우 큰데 이는 킬레이트 리간드, $EDTA^{4-}$ 가 한 화합물 내에 6개의 전자쌍 주개 원자(질소 원자 2개, 산소 원자 4개)를 갖고 있기 때문이다.

5.1.3 착화합물 안정화 상수

금속이온(M)과 리간드(L) 사이의 착화합물 형성 반응은 일반적인 화학반응과 같이 쓸 수 있다.

$$M + L \ \rightleftharpoons\ ML$$

이 반응에 대한 평형상수 역시 질량작용법칙의 수학적 표기로써, 각 화학종의 농도를 [ ]로 표기하여 다음과 같이 나타낼 수 있다.

$$K = \frac{[ML]}{[M][L]}$$

착화합물 형성 반응에 대한 이 상수는 착화합물 형성 상수(complex formation constant) 혹은 생성된 착화합물의 안정화 상수(stability constant)라고 부른다. 착화합물 형성 반응의 한 특징은 중심 금속 이온에 리간드가 여러 개 둘러싼 다양한 착화합물들이 형성될 수 있는 것이다.

$$M + L \rightleftharpoons ML \qquad K_1 = [ML]/[M][L]$$

$$ML + L \rightleftharpoons ML_2 \qquad K_2 = [ML_2]/[ML][L]$$

$$ML_2 + L \rightleftharpoons ML_3 \qquad K_3 = [ML_3]/[ML_2][L]$$

$$\vdots \qquad\qquad \vdots$$

$$ML_{n-1} + L \rightleftharpoons ML_n \qquad K_n = [ML_n]/[ML_{n-1}][L]$$

이 상수들, K_1, K_2, K_3 ... K_n은 단계적 형성 상수(stepwise formation constant)라고 한다.

위의 단계적 착화합물 형성 반응은 다음과 같이 금속과 여러 개의 리간드가 한 단계로 착화합물을 형성하는, 총괄 형성 반응으로 쓸 수도 있으며, 이 때 평형 상수는 β 로 나타내고 총괄 형성 상수 (overall formation constant) 라고 한다. 아래에 나타낸 것처럼 총괄 형성 상수는 단계적 평형 상수의 곱으로 기술된다.

$$M + L \rightleftharpoons ML \qquad \beta_1 = \frac{[ML]}{[M][L]} = k_1$$

$$M + 2L \rightleftharpoons ML_2 \qquad \beta_2 = \frac{[ML_2]}{[M][L]^2} = k_1 \cdot k_2$$

$$M + 3L \rightleftharpoons ML_3 \qquad \beta_3 = \frac{[ML_3]}{[M][L]^3} = k_1 \cdot k_2 \cdot k_3$$

$$\vdots \qquad\qquad \vdots$$

$$M + nL \rightleftharpoons ML_n \qquad \beta_n = \frac{[ML_n]}{[M][L]^n} = k_1 \cdot k_2 \cdot k_3 \cdot\cdot k_n$$

 착화합물 형성 반응 착화합물 형성 반응의 예: Hg-Cl 착화합물

5.2.1 착물 형성 반응의 예: 수은 착물

화학 반응은 단순한 계의 기본 화학 반응식을 쓰는 것으로 시작으로 훨씬 복잡한 환경계로 확대할 수 있는데, 실제 반응의 완결을 정확히 예상하거나 일어나는 모든 반응을 기술하는 것은 어려우며, 제한된 주요 반응을 기술함으로써 실제 반응을 설명할 수 있다.

수은 이온(Hg^{2+})이 리간드인 염소 이온(Cl^-)과 착화합물을 형성하는 과정을 네 단계에 걸친 반응으로 기술하면 그 반응식과 평형상수는 다음과 같다.

$$Hg^{2+} + Cl^- \rightleftharpoons HgCl^+ \qquad k_1 = \frac{[HgCl^-]}{[Hg^{2+}][Cl^-]} = 10^{6.72} \qquad \cdots\cdots (1)$$

$$HgCl^+ + Cl^- \rightleftharpoons HgCl_2 \qquad k_2 = \frac{[HgCl_2]}{[HgCl^+][Cl^-]} = 10^{6.51} \qquad \cdots\cdots (2)$$

$$HgCl_2 + Cl^- \rightleftharpoons HgCl_3^- \qquad k_3 = \frac{[HgCl_3^-]}{[HgCl_2][Cl^-]} = 10^{1.0} \qquad \cdots\cdots (3)$$

$$HgCl_3^- + Cl^- \rightleftharpoons HgCl_4^{2-} \qquad k_4 = \frac{[HgCl_4^{2-}]}{[HgCl_3^-][Cl^-]} = 10^{0.97} \qquad \cdots\cdots (4)$$

단계적 평형상수를 나타낸 (1), (2), (3), (4) 식을 다음과 같이 정리하면 Hg-Cl 착화합물 화학종 농도를 중심 금속 이온인 수은과 리간드인 염소 이온 농도로 나타낼 수 있다.

$$[HgCl^+] = k_1 \cdot [Hg^{2+}][Cl^-] \quad\cdots\cdots\cdots\cdots\cdots\cdots\cdots\cdots\cdots (5)$$

$$[HgCl_2] = k_2 \cdot [HgCl^+][Cl^-] = k_1 \cdot k_2 \cdot [Hg^{2+}][Cl^-]^2 \quad\cdots\cdots\cdots (6)$$

$$[HgCl_3^-] = k_3 \cdot [HgCl_2][Cl^-] = k_1 \cdot k_2 \cdot k_3 \cdot [Hg^{2+}][Cl^-]^3 \quad\cdots\cdots (7)$$

$$[HgCl_4^{2-}] = k_4 \cdot [HgCl_3^-][Cl^-] = k_1 \cdot k_2 \cdot k_3 \cdot k_4 \cdot [Hg^{2+}][Cl^-]^4 \cdots (8)$$

5.2.2 착물 형성 반응 해석: 도해를 이용한 방법

산·염기 반응에서 화학종 농도와 수소 이온 농도 사이의 도표, pC-pH 도표를 그리는 것과 같이, 착화합물 형성 반응에서 리간드(ligand) 농도를 변수로 $logC_{화학종}$ - $pC_{리간드}$ 도표를 그릴 수 있다.

반응식을 살펴본 Hg-Cl 착화합물 형성 반응에 대한 $logC_{화학종}$ - $pC_{리간드}$ 도표를 그려서 반응을 살펴보자. 이 때 먼저 착화합물을 형성하지 않은 자유 수은 이온(Hg^{2+})의 농도를 측정하거나 알 수 있으면, 수은-염소 이온 착화합물 화학종의 농도를 리간드인 염소 이온(Cl^-)의 농도 함수로 기술할 수 있다.

만약 착화합물을 형성하지 않은 수은 이온의 농도가 10^{-7} M이라면 위의 (5) 식은 다음과 같이 정리할 수 있다.

$$\log[HgCl^+] = \log K_1 + \log[Hg^{2+}] + \log[Cl^-]$$

$$= \log(10^{6.72}) + \log(10^{-7}) + \log[Cl^-]$$

$$= -0.28 + \log[Cl^-]$$

$$= -0.28 - pCl \quad .... (9)$$

같은 방법으로 (6), (7), (8) 식을 정리하면 다른 착화합물 화학종들에 관해서도 리간드(Cl^-)의 함수로 정리할 수 있다.

$$\log[HgCl_2] = 6.23 + 2\log[Cl^-] = 6.23 - 2pCl \quad .... \quad (10)$$

$$\log[HgCl_3^-] = 7.23 + 3\log[Cl^-] = 7.23 - 3pCl \quad .... \quad (11)$$

$$\log[HgCl_4^{2-}] = 7.52 + 4\log[Cl^-] = 7.52 - 4pCl \quad .... \quad (12)$$

이 네 개의 식, (9) - (12),을 x 축이 리간드 농도 $pC_{리간드}$, y축이 착화합물 화학종 농도 $\log C_{화학종}$ 이 되도록 도표를 그리면 다음과 같다.

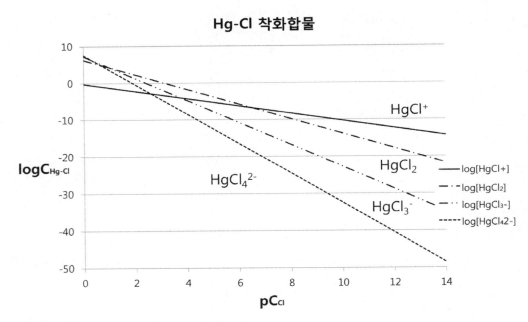

〈그림〉 Hg(Ⅱ)와 Cl⁻의 착화합물 형성 반응에 대한 logC화학종-pC리간드 도표

5.2.3 착화합물 형성의 정량 분석

중심 금속 이온, Hg(Ⅱ)와 리간드, Cl⁻, 사이의 착화합물 형성에 대한 질량 균형식은 중심 금속 이온과 리간드에 관하여 각각 쓸 수 있다.

먼저 중심 금속 이온 총 농도, $[Hg(Ⅱ)]_t$,는 앞의 식 (5) – (8) 을 정리하여 대입하면,

$$[Hg(II)]_T = [Hg^{2+}] + [HgCl^+] + [HgCl_2] + [HgCl_3^-] + [HgCl_4^{2-}]$$

$$= [Hg^{2+}](1 + K_1 \cdot [Cl^-] + K_1 \cdot K_2 \cdot [Cl^-]^2 + K_1 \cdot K_2 \cdot K_3 \cdot [Cl^-]^3 + K_1 \cdot K_2 \cdot K_3 \cdot K_4 \cdot [Cl^-]^4)$$

그리고 리간드 총농도, $[Cl]_T$, 는 착화합물을 형성하지 않은 자유 이온 Cl^- 농도와 착화합물 속의 리간드로서의 Cl^- 화학종 농도의 합이므로,

$$[Cl]_t = [Cl^-] + [HgCl^-] + 2[HgCl_2] + 3[HgCl_3^-] + 4[HgCl_4^{2-}]$$

여기서 2, 3, 4 는 해당 착화합물 속의 Cl^- 이온에 따른 화학양론적인 결과이다. 예를 들어 1 mole의 착화합물 $HgCl_3^-$는 1 mole의 Hg(II)와 3 mole의 Cl^-가 결합한 것이다.

위의 식에 식 (5) - (8)을 대입하여 정리하면

$$[Cl]_T = [Cl^-] + [Hg^{2+}](K_1 \cdot [Cl^-] + 2K_1 \cdot K_2 \cdot [Cl^-]^2 + 3K_1 \cdot K_2 \cdot K_3 \cdot [Cl^-]^3 + 4K_1 \cdot K_2 \cdot K_3 \cdot K_4 \cdot [Cl^-]^4)$$

이 식의 $[Hg^{2+}]$에 $[Hg(II)]_T$에서 유도한 $[Hg^{2+}]$를 대입하면

$$[Cl]_T = [Cl^-] +$$

$$[Hg(II)]_T \frac{(K_1[Cl^-] + 2K_1K_2[Cl^-]^2 + 3K_1K_2K_3[Cl^-]^3 + 4K_1K_2K_3K_4[Cl^-]^4)}{(1 + K_1[Cl^-] + K_1K_2[Cl^-]^2 + K_1K_2K_3[Cl^-]^3 + K_1K_2K_3K_4[Cl^-]^4)}$$

이 식은 Hg(II)$_T$와 [Cl]$_T$가 일정한 시스템 (예를 들어 물 1리터 속에 염화수은(II), [HgCl$_{2(s)}$] = 10^{-3} M이 용해된 수용액에서의 Hg-Cl 착화합물 형성 반응을 분석함에 있어서, 착화합물 형성식과 질량 균형식 으로부터 미지의 변수가 한 개 포함된 식으로 평형을 계산한 결과이다.

1리터 물에 10^{-3} M의 HgCl$_2$가 완전히 용해된 수용액에서, 즉 [Hg(II)]$_T$ = 10^{-3} M, [Cl$^-$]$_T$ = 2x10^{-3} M인 계에서 위의 식을 풀면 착화합물을 형성하지 않은 리간드, [Cl$^-$] 와 금속 이온, Hg(II), 농도는 각각 [Cl$^-$] = 1.79×10^{-5} M, [Hg^{2+}] = 1.85×10^{-7} M 이다. 그 외의 다른 네 화학종 농도는,

$$[HgCl^+] = 1.82 \times 10^{-5} \ M$$

$$[HgCl_2] = 9.81 \times 10^{-4} \ M$$

$$[HgCl_3^-] = 1.76 \times 10^{-7} \ M$$

$$[HgCl_4^{2-}] = 3.14 \times 10^{-11} \ M$$

계산 결과에서 알 수 있듯이 이 계에서 수용액 속에 존재하는 가장 주된 화학종은 HgCl$_2$로 전체 금속과 리간드의 98 % 이상이 착화합물을 형성하고 있다. 그 다음으로 농도가 높은 수은 화학종은 HgCl$^+$이며, 수은과 염소이온의 3차 착물인 HgCl^{3+} 착화합물이나 자유이온, Cl$^-$ 의 농도는 주된 화학종 농도의 1/1,000 이하 이고, 4차 착물의 농도는 백만분의 일 이하로 매우 낮다. 실제 반응에서는 더 다양한 종류의 착물 화학종이 생성될 수 있을지라도 그 농도는 매우 낮을 것으로 예상된다.

5.2 가수분해

5.3.1 금속 이온의 가수분해 반응

앞에서 언급하였듯이 금속 이온이 물에서 특별한 결합을 형성하지 않고 자유 이온으로 존재해 있다는 것은 M^{z+} 가 아니라, 일반적으로 용매인 물 분자가 둘러싼 수화된 이온(hydrated ion), $(M(H_2O)_n)^{z+}$ 형태로 존재하고 있는 것을 말한다. 이를 표기할 때 물 분자를 생략하고 간략히 M^{z+} 로 표기하고 $(M(H_2O)_n)^{z+}$ 와 동일한 화학종으로 취급하기도 한다.

금속 이온(M)의 가수분해(hydrolysis)에 대한 일반적인 화학 반응식은 다음과 같이 쓸 수도 있다.

$$(M(H_2O)_n)^{z+} + H_2O \rightleftharpoons (M(H_2O)_{n-1}(OH))^{(z-1)+} + H_3O^+$$

이 반응에 대한 평형 상수 표기는 일반적인 화학 반응에서와 동일하다.

$$K_{eq} = \frac{[(M(H_2O)_{n-1}(OH))^{(z-1)+}][H_3O^+]}{[(M(H_2O)_2)^{z+}]}$$

가수분해 반응에 대한 이 평형식은 브뢴스테드 정의에 따른 다음 산·염기 반응의 평형상수 표현과 유사하다.

$$HA + H_2O \rightleftharpoons A^- + H_3O^+$$

$$K_a = \frac{[A^-][H_3O^+]}{[HA]}$$

또한 이 반응은 금속 이온을 에워싼 H_2O 리간드가 OH^- 리간드로 치환되어 수산화착화합물(hydroxo complex)을 형성하는 반응으로 생각할 수 있다. 수용액의 용매인 물(H_2O) 리간드를 생략해서 쓰면 아래의 첫 번째 반응식과 같고, 금속과 리간드가 직접 결합하는 일반적인 착화합물 형성 반응으로 쓰면 두 번째 반응식으로 나타낼 수 있는데 두 번째 식은 첫 번째 식의 양쪽에 OH^- 이온을 첨가하여 정리한 식과도 같다.

$$M^{2+} + H_2O \rightleftharpoons MOH^{(z-1)+} + H^+ \quad \text{또는}$$

$$M^{2+} + OH^- \rightleftharpoons MOH^{(z-1)+}$$

이 두 반응식에 대한 평형 상수는 다음과 같이 쓸 수 있다.

$$K_1 = \frac{[(MOH)^{z-1}][H^+]}{[M^{z+}]}$$

$$K_1^* = \frac{[(MOH)^{z-1}]}{[M^{z+}][OH^-]}$$

두 평형 상수는 물의 이온곱, $K_w=[H^+][OH^-]$를 통해 다음과 같이 전환될 수 있다.

$$K_1 = K_1^* \cdot K_w$$

즉, K_1과 K_1^* 는 모두 금속이온의 가수분해 또는 금속과 수산화이온의 착물 형성반응에 관한 상수로 물의 이온곱 상수와 연결되는 것을 알 수 있다.

5.3.2 가수 분해 평형 계산과 pC-pH 도표

알루미늄 이온과 물이 반응하는 가수분해 반응을 통하여, 물에서 금속 이온이 어떤 화학 결합을 이루고 있는지 평형을 해석하고, 도해 방법을 통하여 생성된 금속 화학종의 농도와 물의 pH 와의 관계를 알아본다.

물에서 +3가 인 알루미늄 이온, Al^{3+} 의 가수 분해는 다음과 같이 Al^{3+} 과 수산화 이온(OH^-) 사이의 착화합물 형성 반응식으로 기술할 수 있다.

$$Al^{3+} + H_2O \rightleftharpoons Al(OH)^{2+} + H^+$$

$$Al^{3+} + 2H_2O \rightleftharpoons Al(OH)_2^+ + 2H^+$$

$$Al^{3+} + 3H_2O \rightleftharpoons Al(OH)_3^0 + 3H^+$$

$$Al^{3+} + 4H_2O \rightleftharpoons Al(OH)_4^- + 4H^+$$

각 반응에 대한 총괄 형성상수(β) 는 다음과 같다.

$$\beta_1 = \frac{[Al(OH)^{2+}][H^+]}{[Al^{3+}]} = 10^{-5} \cdots\cdots\cdots (1)$$

$$\beta_2 = \frac{[Al(OH)_2^+][H^+]^2}{[Al^{3+}]} = 10^{-10.1} \cdots\cdots\cdots (2)$$

$$\beta_3 = \frac{[Al(OH)_3^0][H^+]^3}{[Al^{3+}]} = 10^{-15.4} \cdots\cdots\cdots (3)$$

$$\beta_4 = \frac{[Al(OH)_4^-][H^+]^4}{[Al^{3+}]} = 10^{-22.2} \cdots\cdots\cdots (4)$$

위와 같은 착화합물 형성 반응 외에, 중성 화합물인 수산화알루미늄, Al(OH)$_3$ 은 잘 녹지 않는 난용성 염으로 수용액에서 침전과 용해 반응을 수반한다. 용존상태의 알루미늄 이온 Al^{+3}(III)과 침전 상태의 고체 수산화알루미늄 (Al(OH)$_3$)$_{(S)}$ 사이의 화학 반응은 다음과 같다.

$$Al(OH)_{3(s)} \rightleftharpoons Al^{3+} + 3OH^-$$

이 반응의 평형상수는 용해도곱, K$_{sp}$(solubility product) 로 나타낸다.

$$K_{sp} = [Al^{3+}][OH^-]^3 = 10^{-34} \cdots\cdots\cdots (5)$$

이 식을 해석하면 침전과 용해반응에 따른 고체 $Al(OH)_{3(s)}$의 용해도, 즉 물에 녹아 있는 $Al(OH)_3$의 농도를 계산할 수 있는데, K_{sp} 값으로부터 계산한 $[Al(OH)_3]$의 용해도는 $10^{-7.4}$ mole/l 이다.

　금속 이온의 가수 분해 평형을 분석함에 있어, 평형 상수 (1) – (4)식을 정리하면 용존 가수분해 알루미늄 화학종들의 농도를 pH 함수로 나타내고, 화학종 농도와 pH를 그림으로 나타내는 logC-pH 도표를 그릴 수 있다.

　먼저 용해도 곱을 기술한 (5)식에서 $[OH^-]$를 물의 이온곱상수를 통해 $K_w/[H^+]$로 치환하고 양변에 log를 취하여 정리하면 다음 식과 같은 식이 된다.

$$\log[Al^{3+}] = 8 - 3pH \ \cdots\cdots\cdots (6)$$

　이 자유 알루미늄 이온 농도를 (1), (2), (3), (4) 식에 차례로 대입하여 각 수산화 알루미늄 착화합물의 농도를 pH함수로 정리한 다음 식들을 얻을 수 있다.

$$\log[Al(OH)^{2+}] = 3 - 2pH \ \cdots\cdots\cdots (7)$$

$$\log[Al(OH)_2^+] = -2.1 - pH \ \cdots\cdots\cdots (8)$$

$$\log[Al(OH)_3^0] = -7.4 \ \cdots\cdots\cdots\cdots (9)$$

$$\log[Al(OH)_4^-] = -14.2 + pH \ \cdots\cdots\cdots (10)$$

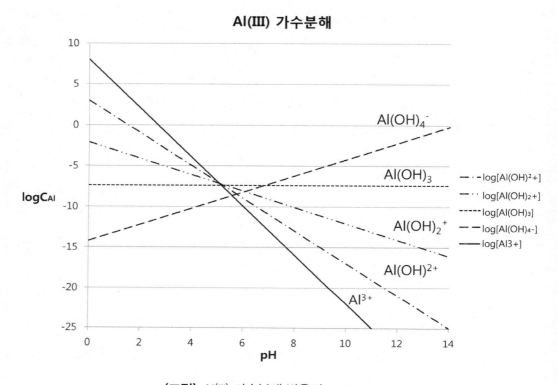

〈그림〉 Al(Ⅲ) 가수분해 반응의 logC-pH 도표

평형 해석을 통해 정리한 (6) - (10) 식을 이용하여, 물속에서 생성되는 알루미늄 이온의 가수분해 화학종으로 고려한 Al^{3+}, $Al(OH)^{2+}$, $Al(OH)_2^+$, $Al(OH)_3^0$, $Al(OH)_4^-$의 다섯 가지 화합물에 대한 logC-pH 도표를 위와 같이 그릴 수 있다.

Al^{3+}의 가수분해 해석에서 위의 다섯 화학종 이외에도 다른 여러 가지 화학종들 (예를들어 $Al(OH)_5^{2-}$, $Al_2(OH)_2^{4+}$ 등)이 더 존재할 수 있으나, 이 해석에서는 다섯 개의 화학종 만 고려하였다.

6

침전과 용해 반응

6.1 침전과 용해

침전(precipitation)과 용해(dissolution)는 하나의 계(system)에 존재하는 특정한 물질이 고체 상태와 액체 상태로 공존하면서, 이 둘 사이에 동적인 평형(dynamic equilibrium)을 이루고 있는 반응계이다.

물 속에 용존되어 있는 대부분의 무기 물질은 이온 형태로 들어 있다. 자연수 중에 용존되어 있는 주요 이온들은 주로 광물질이 물과 접촉하면서 용해되어 생긴 물질이다. 일반적으로 화학식 M_nA_m (M은 금속 양이온, A는 음이온)으로 표기되는 이온성 고체 화합물이 물과 접촉하면서 용해되는 화학 반응식은, 이온 전하 표기를 생략하면 다음과 같이 쓸 수 있다.

$$M_nA_{m(s)} \rightleftharpoons nM + mA$$

이 반응의 평형 상태에 대해 질량 작용 법칙을 적용한 평형식을 쓰면 다음과 같은 평형상수로 쓸수 있는데, 여기서 각 화학종의 정량적 표현은 활동도가 아닌 농도로 표기하였다. 농도와 활동도의 차이는 6.4.3 절에서 논의한다.

$$K = \frac{[M]^n [A]^m}{[M_nA_{m(s)}]}$$

이 반응은 고체상과 액체상이 함께 섞인 불균일 (heterogeneous) 평형 상태이고, 여기서 순수한 고체상 물질, $M_nA_{m(s)}$의 몰농도는 일정한 값이며, 평형상수 K는 용해도곱(solubility product) 또는 용해도곱 상수라고 부르는 K_{sp}로 표기하고 다음과 같이 정의한다.

$$K_{sp} = [M]^n [A]^m$$

용해도곱이 작을수록 고체 물질의 용해도는 작다. 용해도곱은 열역학적으로 도달하는 평형상태를 특징한다. 용액 속에 들어있는 용해에 관여하는 이온들의 농도 곱이 용해도곱보다 작으면 고체물질이 추가적으로 물속에 녹아들 수 있고, 용해도곱보다 크면 침전이 일어난다. 용해도곱은 pH에서와 같이 지수함수로 나타낼 수 있는데, $pK_{sp} = -logK_{sp}$ 값이 된다.

고체상 물질의 침전과 용해는 자연수의 조성(특히 이온성 물질 생성)을 결정하는 중요한 반응이다. 따라서 물이 유입되는 지역의 지구화학적인 반응의 결과가 조성에 그대로 나타난다.

침전공정은 수처리 기술에서도 중요한 역할을 한다. 예를 들어 중금속이온을 제거하기 위하여 중금속 수산화물이나 용해도가 작은 중금속 화합물의 생성을 유도하는 침전 공정을 이용하는데 중화 침전이나 황화물 침전 혹은 인산염이나 경도 유발물질을 제거하는 등 여러 공정에 많이 적용되고 있다.

다음 표에 수질계에서 침전을 형성하는 몇 가지 대표적인 금속염의 용해도곱 상수를 나타내었다.

〈표〉 몇 가지 금속염의 용해도곱 상수

화학물질	용해도곱(K_{sp})	pK_{sp}
$CaSO_4$	$10^{-4.32}$	4.32
$CaHPO_4$	$10^{-6.7}$	6.7
$CaCO_3$	$10^{-8.48}$	8.48
$MgCO_3$	$10^{-3.7}$	3.7
$FeCl_3$	$10^{-10.7}$	10.7
$Fe(OH)_2$	$10^{-13.5}$	13.5
FeS	$10^{-18.1}$	18.1
$FePO_4$	$10^{-26.0}$	26.0
$Fe(OH)_3$	$10^{-38.7}$	38.7
$Al(OH)_3$	$10^{-32.7}$	32.7

6.2 용해도곱과 용해도

6.2.1 용해도곱과 용해도

용해도곱(solubility product)은 용액 속에 침전되어(precipitated) 있는 물질과 그 물질이 용매에 녹아서(dissolved) 용액 속에 존재하는 화학종 사이의 평형상수이다. 한편 용해도(solubility)는 용액 속에 녹아있는 용존 형태 고체(침전) 물질의 농도 (실제는 대부분 고체가 해리되어 생성되는 구성 이온의 농도)이다.

모든 고체 물질들은, 불용성(insoluble) 염이라고 부르는 물질까지도 어느 정도는 물에 녹는다. 예를 들어 불용성 혹은 난용성 염으로 분류하는 염화은(AgCl)의 물속에서의 용해도를 계산해보자.

다음은 염화은이 물속에서 녹는 침전과 용해 반응이다.

$$AgCl_{(s)} \rightleftharpoons Ag^+_{(aq)} + Cl^-_{(aq)}$$

이 반응의 평형상수, 즉 용해도곱은 다음과 같다.

$$K_{sp} = [Ag^+][Cl^-] = 3 \times 10^{-10}$$

한편 침전과 용해 평형에서 용존 되어 있는 염화은(AgCl)의 농도, 즉 용해도를 S mol/l라고 하면, 그로부터 해리되어 생성되는 Ag^+ 와 Cl^-의 농도도 각각 S mol/l 이 되므로 (AgCl 1개가 해리하면 Ag^+ 와 Cl^- 도 각각 1개씩 생성되므로), 용해도곱 상수와 용해도는 다음 식과 같이 쓸 수 있다.

$$K_{sp} = S \cdot S = 3 \times 10^{-10}$$

따라서 용해도를 계산하면,

$$S = 1.73 \times 10^{-5} mol/L$$

이 농도가 침전과 용해 평형에 따른 염화은의 용해도이고, 이 농도는 곧 Ag^+ 와 Cl^-의 농도이기도 하다.

금속 이온과 음이온이 1:1 결합을 한 AgCl의 경우와 달리 좀 더 복잡한 이온성 고체 물질의 용해도 계산에서는 유의할 점들이 있다. 예를들어 인산칼슘의 침전과 용해 반응식은 다음과 같다. 이 반응식으로부터 인산칼슘의 용해도를 계산해보자.

$$Ca_3(PO_4)_{2(s)} \rightleftharpoons 3Ca^{2+} + 2PO_4^{3-}$$

침전물이 존재하는 평형 상태에서 인산칼슘의 용해도를 S라하면, 1 mole의 $Ca_3(PO_4)_2$로부터 3 mole의 Ca^{2+}과 2 mole의 PO_4^{2-}가 생성되므로, 인산칼슘의 농도가 S 라면, 칼슘이온과 인산이온의 농도는 각각 $[Ca^{2+}]$ = 3S, $[PO_4^{3-}]$ = 2S 가 된다.

한편 인산칼슘의 용해도곱에 이를 대입하여 용해도를 계산하면,

$$K_{sp} = [Ca^{2+}]^3 \cdot [PO_4^{3-}]^2 = 2.7 \times 10^{-33}$$

$$K_{sp} = [3S]^3 \cdot [2S]^2 = 2.7 \times 10^{-33}$$

$$S = 1.20 \times 10^{-7} \, mole/l$$

위의 농도 S는 침전과 용해 평형에 따른 인산칼슘의 용해도이다.

이 풀이 과정의 농도 항에서 보는 것처럼 1:1 화합물이 아닌 복잡한 화합물의 용해도곱 상수 식에는 해당이온 농도와 농도의 지수가 들어있으므로, 다양한 조성의 화합물질에 대한 용해도를 비교하기 위해서는 용해도곱 상수를 단순 비교하여 판단할 수는 없으며 반드시 화학반응에 따른 농도 계산을 통해 확인해야 한다.

6.2.2 산성 용액에서의 용해

지각의 대표적 암석중 하나인 석회석으로 대표되는 탄산칼슘($CaCO_3$)의 물 속에서의 침전과 용해 반응은 다음 반응식에 따른다.

$$CaCO_{3(S)} \rightleftharpoons Ca^{2+} + CO_3^{2-} \qquad Ksp = 4.7 \times 10^{-9}$$

$CaCO_3$가 용해함으로써 생겨난 탄산이온, CO_3^{2-}는 산성 수용액 속에서 산성 화학종 H_3O^+와 다음과 같은 반응을 한다.

$$CO_3^{2-} + H_3O^+ \rightleftharpoons HCO_3^- + H_2O$$

$$HCO_3^- + H_3O^+ \rightleftharpoons H_2CO_3 + H_2O$$

$$H_2CO_3 \rightleftharpoons CO_{2(g)} + H_2O$$

세 번째 반응은 CaCO₃의 용해로 생성된 CO_3^{2-}이온이 산용액에서 단계적 반응을 거쳐 기체 이산화탄소를 생성하는 것으로, 기체는 물속에서 대기중으로 사라지게 된다. 수소이온의 풍부한 산성 수용액에서 위의 네 반응은 르 샤틀리에 법칙(Le chatelier's law)에 따라 오른쪽(정반응의)방향으로 진행된다. 이는 산성화된 수용액에서는 CaCO₃ 용해가 더 진행됨을 의미한다.

이 과정을 정성적으로 설명해주는 르 샤틀리에 법칙은 어떤 반응계에 외부에서 변화를 주면(예: 온도, 압력, 부피 혹은 농도) 계는 평형을 유지하기 위하여 외부에서 준 변화를 감소시키는 방향으로 화학반응이 진행된다는 법칙이다.

6.2.3 양쪽성물질의 용해

물질에 따른 용해도 특성을 알아보기위해, 수산화알루미늄, Al(OH)₃의 용해도가 산성용액 혹은 염기성용액에서 어떻게 되는지 살펴보자. 물속에서의 침전과 용해에 따른 반응과 평형상수(용해도곱)를 보면 다음과 같다.

$$Al(OH)_{3(s)} \rightleftharpoons Al^{3+} + 3OH^- \qquad Ksp = 5.0 \times 10^{-33}$$

Al(OH)₃는 용해도가 매우 작은 난용성물질인데, 이 물질의 산성용액에서의 용해반응은 다음과 같이 일어날 수 있다.

$$Al(OH)_{3(S)} + 3H_3O^+ \rightleftharpoons Al^{3+} + 6H_2O$$

염기성 용액에서의 반응도 다음과 같이 용존성 화합물을 생성하는 용해반응이다.

$$Al(OH)_{3(S)} + OH^- \rightleftarrows Al(OH)_4^-$$

즉 $Al(OH)_3$는 중성영역의 물속에서는 거의 녹지 않지만(용해도가 매우작지만), 산성용액이나 염기성용액에서는 모두 용해도가 증가한다. 특히 $Al(OH)_3$처럼 pH가 산성이나 염기성, 두 영역에서 모두 용해하는 물질을 '양쪽성물질(ampholyte)라고 한다. 이러한 결과로부터, 물속의 알루미늄이온을 침전시켜 제거하려면 중성영역의 pH에서 반응시켜 처리해야한다.

6.3 용해도 계산

6.3.1 용해도 계산의 예(I): 침전 물질 확인

pH가 0.5인 폐수에 들어있는 납 이온, Pb(II)과 철 이온, Fe(II)의 농도를 분석하니 모두 0.05 mol/l였다. 이 금속이온을 침전시키기 위해 황화수소(H_2S) 기체를 포화농도(0.1 mole/l)까지 폐수에 유입하였다. 이 조건에서 침전되는 물질이 PbS 인지 FeS 인지 혹은 두 물질 모두인지 판단해 보자.

문제를 해석하기 위해 필요한 침전과 용해에 관한 반응식과 평형 상수는 다음과 같다.

$$H_2S + H_2O \rightleftarrows S^{2-} + 2H_3O^+ \qquad K_a = \frac{[S^{2-}][H_3O^+]^2}{[H_2S]} = 1.1 \times 10^{-21} \cdots (1)$$

$$PbS_{(s)} \rightleftarrows Pb^{2+} + S^{2-} \qquad K_{sp,PbS} = 7.0 \times 10^{-29} \cdots (2)$$

$$FeS_{(s)} \rightleftarrows Fe^{2+} + S^{2-} \qquad K_{sp,FeS} = 4.0 \times 10^{-19} \cdots (3)$$

황화 이온을 생성 할 수 있는 황화수소의 해리 평형상수 식 (1)을 정리하면,

$$[S^{2-}] = \frac{K_a \cdot [H_2S]}{[H_3O^+]^2} \cdots\cdots (4)$$

H_2S는 약산이므로, 평형에서의 농도 $[H_2S]$와 초기 농도 $[H_2S]_0$가 $[H_2S] \approx [H_2S]_0 = 0.1$ M 이라고 볼 수 있다. 그리고 폐수의 pH가 0.5이므로 수소이온 농도는, pH = 0.5 = $-\log[H^+]$에서 $[H_3O^+]$ = 0.32 mole/l 이다. 이 두 값을 (4)식에 대입하면 황화 이온의 농도를 계산할 수 있다.

$$[S^{2-}] = \frac{(1.1 \times 10^{-21}) \times (0.1)}{(0.32)^2} = 1.2 \times 10^{-21} \ (mole/L)$$

이 황화이온 농도와 침전 여부를 알아보려는 납 이온 그리고 철 이온 농도를 곱해 주면 그 값은 다음과 같다. 이 값은 침전과 용해의 평형에 따른 평형상수인 용해도곱과는 다른, 임의의 상태에서 구한 농도 곱이다.

$$[Pb^{2+}][S^{2-}] = [Fe^{2+}][S^{2-}] = 0.05 \times (1.2 \times 10^{-21}) = 6.1 \times 10^{-23}$$

계산 결과는 PbS의 이온곱 상수($K_{sp,Pbs} = 7.0 \times 10^{-29}$) 보다는 크고, FeS의 이온곱 상수($K_{sp,Pbs} = 4.0 \times 10^{-19}$) 보다는 작다. 이는 용액 속에 있는 Pb^{2+} 와 S^{2-}의 농도가 용해도 보다 크다는 것을 의미한다.

따라서 위의 조건에서 폐수 속의 Pb^{2+}는 PbS로 침전되지만 Fe^{2+}는 침전되지 않고 이온으로 용액 속에 그대로 남아있게 되어 선택적으로 Pb^{2+} 만 침전 제거된다.

6.3.2 용해도 계산의 예 (II): 순수한 물에서의 황산바륨 용해

황산바륨($BaSO_4$)은 물에 잘 녹지 않는 난용성염이다. 고체 침전으로 물속에 존재하는 고체 황산바륨이 일부 녹아 용해되어 있는 황산바륨과 평형상태를 이루고 있는 반응은 다음과 같이 기술할 수 있다.

$$BaSO_4 \rightleftharpoons Ba^{2+} + SO_4^{2-} \qquad Ksp = 1.5 \times 10^{-9}$$

이 반응과 평형 상수를 이용하여 순수한 물속에서 난용성염, $BaSO_{4(S)}$ 의 용해도가 얼마인지 계산하여 보자.

용해도곱 상수, K_{SP}는 다음과 같이 용해 상태의 화학종 농도로 나타낼 수 있다.

$$Ksp = [Ba^{2+}][SO_4^{2-}] = 1.5 \times 10^{-9}$$

반응식에서 알 수 있듯이 $BaSO_{4(S)}$ 1몰이 용해하면, 바륨이온과 황산이온도 각각 1몰씩 생성된다. 난용성인 $BaSO_{4(S)}$ 가 물 1리터 속에 S몰 용해된다면 수용액속의 바륨이온과 항산이온의 몰농도도 각각 S mol/l 가 된다. 따라서 K_{SP} 로부터 다음과 같이 용해도 S를 계산할 수 있다.

$$Ksp = S \cdot S = 1.5 \times 10^{-9}$$
$$S = 3.87 \times 10^{-5} \, mole/l$$

이 값은 순수한 물속에 침전되어 있는 $BaSO_{4(S)}$ 과 용존 상태의 황산바륨이 평형을 이루고 있는 상태에서의 황산바륨의 농도, 즉 황산바륨의 용해도이며, 이는 동시에 용존 상태의 황산바륨이 이온화하여 생성하는 바륨이온과 황산이온 농도이기도 하다.

이 용해도 계산은 계에 순수한 물과 황산바륨만 존재하는 경우이다. 순수한 물이 아닌 오염된 물 혹은 다른 이온이나 화학물질이 계에 공존하는 경우에 용해도가 어떻게 달라지는지 다음 단원에서 알아본다.

6.4 용해도에 대한 이온의 영향

6.4.1 공통 이온 효과

앞에서 계산한 황산바륨의 용해도는 증류수와 같은 순수한 물속에서의 용존 농도이다. 순순한 물이 아닌 폐수와 같이 다른 이온들이 함유된 물속에서의 용해도는 앞에서 다룬 경우와는 다르다. 특히 용해도곱 상수에 포함된 이온과 같은 이온, 즉 공통이온 (common ion)이 함께 들어 있는 경우 용해도는 달라진다. 즉 바륨이온이나 황산이온이 들어있는 물속에서 황산바륨의 용해도 계산은 다음과 같다.

$BaSO_{4(s)}$ 가 침전·용해되어있는 순수한 물속에 0.1 M의 Na_2SO_4 를 첨가하는 경우 $BaSO_{4(s)}$ 의 용해도는 어떻게 달라지는지를 계산함으로써 공통이온이 용해도 변화에 끼치는 영향을 알아본다.

$BaSO_{4(s)}$ 의 용해도곱상수 K_{SP} 는 그대로이지만, K_{SP} 의 농도 항 중에서 황산이온은 $BaSO_{4(s)}$ 에서 뿐 아니라 Na_2SO_4 에서도 생성된다. 특히 Na_2SO_4 는 물에 대한 용해도가 커서 쉽게 녹고 첨가농도 그대로 0.1 M SO_4^{2-} 가 황산바륨 용해에 따른 황산이온과 합쳐져 용해도곱 상수에 기여하게 된다. 따라서 추가된 공통이온 농도를 고려하여 용해도곱 상수 K_{SP} 를 다음과 같이 고쳐 써야 한다.

$$Ksp = [Ba^{2+}][SO_4^{2-}]$$
$$= S \cdot [S+0.1] = 1.5 \times 10^{-9}$$

이 식을 근의 공식을 이용하여 풀면 용해도는 S는 1.5×10^{-8} M 이다. 즉 순수한 물속에서 $BaSO_4$의 용해도는 3.87×10^{-5} M 이었고, 그 수용액에 공통이온이 포함된 화합물, 0.1 M Na_2SO_4 를 첨가 한 경우의 용해도는 1.5×10^{-8} M 로 감소하였다. 이는 두 물질에 공통적으로 함유된, 용해도곱 상수에 기여하는 화학종인 황산이온첨가에 따른 것이다.

이처럼 침전과 용해 평형을 이루고 있는 계에, 그 속에 들어있는 것과 같은 이온(공통이온)을 추가하는 경우(혹은 녹이려는 염의 조성과 같은 이온이 들어있는 용액 속에서 염을 녹이는 경우)염의 용해도는 감소하는데, 이를 공통이온 효과(common ion effect)라고 한다.

6.4.2 　이온세기의 영향

용해도곱 상수에 포함되어있지 않은 이온들이 물속에 들어있는 경우(혹은 순수한 물에 첨가하는 경우)염의 용해도는 어떻게 되는가? 이 경우 첨가된 이온들이 용해도곱 상수의 화학종들과 직접 반응하지 않으므로 용해도에 큰 영향을 끼치지 않는 것으로 간주 할 수 있으나, 열역학적 정의에 따른 평형상수를 통해 좀 더 정확하게 해석 할 수 있다.

앞서의 예에서 평형상수 K_{SP} = [Ba^{2+}][SO_4^{2-}]에서 [Ba^{2+}]와 [SO_4^{2-}]는 분석농도 (analytical concentration)로 이식은 질량작용법칙에 따라 평형을 기술한 것이다. 열역학적 평형상수는 농도가 아닌 활동도(activity)로 기술하는데 그 관계는 다음식과 같다.

$$Ksp^* = \{Ba^{2+}\}\{SO_4^{2-}\}$$
$$= \gamma_{Ba^{2+}}[Ba^{2+}] \cdot \gamma_{SO_4^{2-}}[SO_4^{2-}]$$

여기에서 { }는 활동도로써 화학반응에 실질적으로 영향을 나타내는 화학종의 유효한 양이며, 이는 물리적 측량 값인 몰농도,[ ],에 활동도 계수(activity coefficient), γ(gamma)를 곱한 값으로, γ 크기는 모든 이온 화학종에서 $\gamma \leq$ 1.0이다.

즉 위의 식에서 $\gamma_{Ba^{2+}}$와 $\gamma_{SO_4^{2-}}$는 1.0 이하 이므로 황산바륨이 용해된 바륨이온과 황산이온 농도 [Ba^{2+}]와 [SO_4^{2-}]는 열역학적 평형값 {Ba^{2+}} 또는 {SO_4^{2-}} 보다 크다.

즉 $BaSO_{4(S)}$ 의 수용액에 Ba^{2+}, SO_4^{2-} 와 같은 공통이온이 아닌 다른 이온들이 함유된 경우 $BaSO_{4(S)}$ 의 용해도는 증가한다. 이는 활동도 계수(γ)의 값이 1.0 보다 작은데 기인하는 것으로, 이 활동도 계수는 용액 속에 존재하는 이온들의 세기, 즉 이온세기(ionic strength)와 관계있다.

이온세기는 용액 속에 들어있는 모든 이온들의 상호작용 세기를 나타내는 척도로, 다음 식으로 나태낼 수 있다. 이온세기, μ[mju:],는

$$\mu = \frac{1}{2}\sum c_i z_i^2$$

여기서 i는 각 이온들을 나타내고, Ci는 해당이온의 몰농도, Zi는 해당이온의 전하로 μ는 계에 존재하는 모든 양이온과 음이온에 대한 값을 합한 것이다. 한편 계의 모든 이온에 대한 정성 및 정량분석을 완벽하게 하기는 쉽지 않은데, 실험실이나 현장에서는 실험과 경험을 바탕으로 총용존고형물질(TDS: total dissolved soid)의 농도로부터 이온세기를 산정하는 다음 식을 이용하기도 한다.

$$\mu = (2.5 \times 10^{-5}) \times TDS$$

〈표〉 자연 수계에서 물의 일반적인 이온세기 범위

물	이온세기
호수와 강	0.001-0.005
지하수(음용수원)	0.001-0.002
해수	0.7

이 이온세기(μ)와 활동도 계수(γ)사이의 관계는 많은 학자들이 제한한 식에 따르는데 적용하고자 하는 계에 따라 선택하여 이용할 수 있다. 그 중의 하나인 Guntelberg 유사식은 다음과 같다. 이 식은 여러 종류의 전해질이 들어있으며 이온세기 $\mu = 0.1$ 이하인 용액에 적용한다.

$$\log \gamma = -5 \cdot Zi^2 \cdot \frac{\sqrt{\mu}}{1 + \sqrt{\mu}}$$

이렇게 산정한 이온 A의 활동도계수, γ_A 를 분석농도 [A]와 곱해주면, 반응에서 유효한 화학종의 양, 활동도 {A}를 구할 수가 있다.

아래 그림은 Guntelbeg 식에 따른 전하가 1(+1가 혹은 -1가)인 이온 또는 전하가 2(+2가 혹은 -2가)인 이온의 이온세기와 활동도이다. 그림에서 볼 수 있는 것처럼 이온세기가 커질수록 활동도 계수는 감소하고 전하량이 클수록 감소폭이 크다.

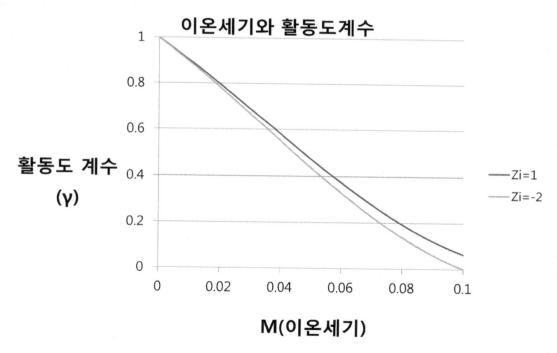

〈그림〉 이온세기와 활동도 계수

6.4.3 활동도와 농도

　화학반응에 참여하는 화학종들의 양을 정량적으로 나타내는 척도로 활동도와 농도(activity and concentration)를 사용할 수 있는데 활동도는 물리적인 분석량인 농도와는 구별되는 '유효한 농도'라고 할 수 있다. 화학반응을 하는 화학종(예: 자유이온, free ions)의 개수는 이온-이온 혹은 수용액에서 이온-물(수화겹질)등의 상호 작용에 의해 물리적으로 존재하는 숫자보다 적은 수만 반응에 효과적으로 참여한다.

　화학반응이 일어나는 계가 묽은 용액 상태면 용액 속 물질사이의 상호작용은 무시할 수 있을 정도로 작고, 그런 경우 용액은 '이상적 거동(ideal behavior)'을 한다고 하며 '이상 용액'이라고 묘사하고, 진한용액 속에서는 물질 사이의 상호작용이 커지고 용액이 비이상적 거동(nonideal behavior)을 하는 실제용액(real solution)이라고 기술한다.

　농도가 묽은 용액에서처럼 용액 속 물질들이 이상적으로 행동하면 물질의 활동도는 농도와 같다. 하지만 실험실과 현장에서 다루는 대부분의 실제 용액에서는 용액속의 물질(이온이나 분자 등의 용질)의 유효농도, 즉 활동도는 실제농도(분석적으로 정의되는 물리량)보다 작다.

　임의의 화학종 A의 활동도와 농도는 각각 기호 {A}와 [A]로 구별하여 표기하고 그 관계는 {A} = γ_A[A] 로, γ_A는 화학종 A의 활동도 계수(activity coefficient)이며, 그 값은 1.0이하 이다.

　활동도-농도 관계는 화학반응의 평형상수 표현에 그대로 나타나는데 다음과 같은 반응, aA + bB $\rightleftarrows$ cC + dD에서 열역학적 평형상수는 농도가 아닌 활동도로 표기한다. 이를 활동도계수와 농도로 바꾸어 표기하면 다음과 같다.

$$K = \frac{\{C\}^c\,\{D\}^d}{\{A\}^a\,\{b\}^b}$$

$$= \frac{(\gamma_C[C])^c\,(\gamma_D[D])^d}{(\gamma_A[A])^a\,(\gamma_B[B])^b}$$

$$= \left(\frac{\gamma_C{}^c \cdot \gamma_D{}^d}{\gamma_A{}^a \cdot \gamma_B{}^b}\right) \cdot \frac{[C]^c\,[D]^d}{[A]^a\,[B]^b}$$

화학종의 농도(concentration)로 나타낸 평형상수를 K_C로 표기하면,

$$K_C = \frac{[C]^c\,[D]^d}{[A]^a\,[B]^b}$$

$$K_C = K\left(\frac{\gamma_A{}^a \cdot \gamma_B{}^b}{\gamma_C{}^c \cdot \gamma_D{}^d}\right)$$

따라서 실제용액의 평형상수 계산에는 활동도 계수에 대한 정보가 필요하지만 본 교재를 비롯하여 많은 경우, 평형을 기술하면서 $K=[K_d]^b$와 같이 활동도로 나타내는 열역학적 평형상수와 농도로 표기하는 평형상수를 사용하기도 한다. 하지만 그 차이를 알고 필요한 경우 정확한 평형해석을 수행 할 수 있어야 함은 당연하다.

침전과 용해반응에 관한 logC 도표:
금속염의 용해도

침전과 용해 반응의 평형을 해석하여 산·염기의 pC-pH 도표를 그리는 것처럼, 반응에 관여하는 화학종들의 용존 농도(용해도)를 그림으로 나타낼 수 있다.

6.5.1 금속탄산염의 용해도

여러 가지 2가 금속이온, M^{2+} 와 탄산이온, CO_3^{2-} 이 수용액에서 침전과 용해 반응을 나타낼 때, 평형상수인 용해도곱을 분석하여 탄산이온 농도와 2가 금속이온 농도의 관계를 살펴본다.

$$MCO_{3(S)} \rightleftharpoons M^{2+} + CO_3^{2+}$$

$$Ksp = [M^{2+}][CO_3^{2-}]$$

$$\log[M^{2+}] = p[CO_3^{2-}] + \log Ksp$$

이 식에 따르면 금속이온의 농도 $\log[M^{2+}]$와 탄산이온농도 $p[CO_3^{2-}]$는 기울기가 +1이며 절편이 $\log K_{sp}$인 1차함수 직선을 나타낸다.

몇 가지 2가 이온의 K_{SP} 값 정보를 다음 표에 기술하였다. 이 값에 따라 각 금속이온의 탄산염이 침전과 용해 반응에서 나타내는 농도 그래프, $\log[M^{2+}]$ $-p[CO_3^{2-}]$ 도표를 아래 그림에 나타내었다.

<표> 2가 금속의 탄산염 용해도 곱

화합물	Ksp
$MgCO_3$	6.8×10^{-6}
$CaCO_3$	5.9×10^{-9}
$FeCO_3$	3.1×10^{-11}
$CdCO_3$	5.2×10^{-12}
$PbCO_3$	3.3×10^{-14}
$PbCO_3$	3.3×10^{-14}

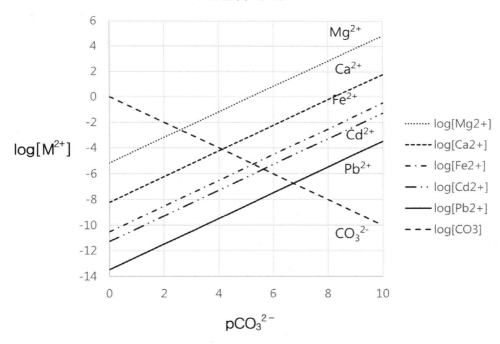

탄산염 용해도

<그림> 2가 금속 탄산염의 침전과 용해 반응에 관한 $logC - log[CO_3^{2-}]$

위의 그림으로부터 탄산염 용해도가 가장 큰 금속이온은 Mg^{2+}이고 가장 작은 금속이온은 Pb^{2+}임을 알 수 있다.

물속의 탄산염농도를 알면 금속이온의 용해도를 볼 수 있는데, 예를 들어 $[CO_3^{2-}]=10^{-3}M$인 물속에서 탄산염에 따른 Fe^{2+}이온의 용해도는 약 $10^{-7}M$이다.

이 그림에서 탄산이온, CO_3^{2-}의 용해도 직선과 각 이온의 용해도 직선이 교차하는 점은 순수한물(예: 증류수) 속에서 해당 금속 탄산염이 침전과 용해 반응을 수행하는 평형점, 또는 각 탄산염의 용해도 조건을 나타내는 점이다.

6.5.2 금속 수산화염의 용해도

마그네슘을 비롯한 많은 금속이온들은 물속에서 잘 녹지 않는 수산화염의 침전을 형성한다.

$$Mg^{2+} + 2OH \rightleftharpoons Mg(OH)_{2(S)} \downarrow$$

용액 속에 반응 관련 화학종 이외에 다른 용질들이 존재하지 않는 순수한 수용액에서 전하가 +Z인 금속(M)의 수산화 화합물의 용해반응과 용해도곱상수는 다음과 같이 쓸 수 있다.

$$M(OH)_{Z(S)} \rightleftharpoons M^{Z+} + ZOH^-$$
$$Ksp = [M^{Z+}][OH^-]^Z$$

이 식에 로그를 취하여 정리하면

$$\log[M^{Z+}] = \log Ksp - Z\log[OH^-]$$

이 식의 [OH⁻]는 물의 이온 곱으로부터, pOH=pKw-pH 이므로

$$\log[M^{Z+}] = \log Ksp + Z(pKw - pH)$$
$$\log[M^{Z+}] = (\log Ksp + Z \cdot pKw) - ZpH$$

이식은 전하가 +Z인 금속이온의 농도 $\log[M^{Z+}]$와 수소이온농도 pH의 그래프는 기울기가 –Z이며, 절편이 $(\log K_{sp}+Z \cdot pK_w)$인 1차 함수 직선을 나타낸다. 아래 표는 몇 가지 대표적인 +2 및 +3가 금속이온의 K_{SP} 값이다.

이 값에 따라 각 금속이온의 수산화물이 침전과 용해반응에서 나타내는 농도그래프, logC-pH 도표를 아래그림에 나타내었다.

〈표〉 몇 가지 금속 수산화물의 용해도곱

화합물	Ksp
$Ca(OH)_2$	$10^{-5.3}$
$Mg(OH)_2$	$10^{-10.8}$
$Fe(OH)_2$	$10^{-15.1}$
$Cr(OH)_3$	$10^{-30.2}$
$Al(OH)_3$	$10^{-33.5}$
$Fe(OH)^3$	$10^{-37.4}$

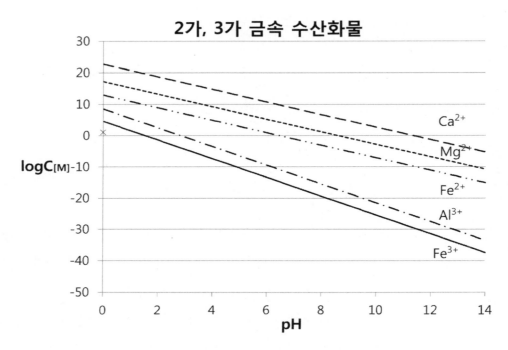

2가, 3가 금속 수산화물

〈그림〉 금속 수산화 착화합물의 $\log[M^{Z+}]$–pH 도표

도표에서 알 수 있듯이 금속수산화물의 용해도는 pH가 증가할수록, 즉 [OH⁻]농도를 증가시킬수록 감소한다.

6.5.3 금속 탄산염의 용해도에 대한 pH 영향

많은 탄산염 화합물은 물에 잘 녹지 않는다. 자연 수질 계에 많이 존재하는 탄산염 중에서 탄산칼슘 또한 대표적인 난용성염이다. 이 염의 침전반응은 다음과 같이 쓸 수 있다.

$$Ca^{2+} + CO_3^{2-} \rightleftharpoons CaCO_{3(s)} \downarrow$$

물속에 반응 화학종외에 다른 용질이 존재하지 않는 경우 위 반응의 평형상수인 용해도곱, K_{SP} 는 다음과 같이 쓸 수 있다.

$$Ksp = [Ca^{2+}][CO_3^{2-}] = 5.9 \times 10^{-9}$$

평형상수식 속의 화학종 중 탄산이온, CO_3^{2-}는 물속에서 양성자와 반응하므로 다음과 같은 화학종들이 함께 존재한다.

$$CO_3^{2-} \underset{-H^+}{\overset{+H^+}{\rightleftharpoons}} HCO_3^- \underset{-H^+}{\overset{+H^+}{\rightleftharpoons}} H_2CO_3$$

이는 H_2CO_3의 1차 및 2차 산 해리 평형(평형상수 K_{a1}, K_{a2})을 해석하는 방법과 동일한 과정으로 계산 할 수 있다.

탄산염 화학종의 총 농도를 $C_{T,CO3}$로 표기하면 다음과 같고,

$$C_{T,CO_3} = [H_2CO_3] + [HCO_3^-] + [CO_3^{2-}]$$

각 화학종을 수소이온농도, $[H^+]$의 함수로 정리하면

$$[CO_3^{2-}] = \frac{C_{T,CO_3}}{(1 + \dfrac{[H^+]}{Ka_2} + \dfrac{[H^+]^2}{Ka_1 \cdot Ka_2})}$$

이 값을 K_{SP} 에 대입하면 칼슘이온의 농도, $[Ca^{2+}]$, 즉 탄산칼슘의 용해도를 수소이온농도, pH의 함수로 도표를 그릴 수 있다.

$$[Ca^{2+}] = (5.9 \times 10^{-9}) \frac{(1 + \frac{[H^+]}{Ka_2} + \frac{[H^+]^2}{Ka_1.Ka_2})}{C_{T,CO_3}}$$

수질계의 탄산염 총 농도가 10^{-3}M이면, $K_{a1}=10^{-6.38}$ $K_{a2}=10^{-10.38}$ 이므로 위의 식은 다음과 같이 수소이온 농도 함수로 칼슘이온의 농도를 나타낼 수 있다.

$$[Ca^{2+}] = (5.9 \times 10^{-6})(1 + \frac{[H^+]}{10^{-10.38}} + \frac{[H^+]^2}{10^{-16.76}})$$

이 칼슘이온 농도는 곧 탄산칼슘의 용해도에 해당한다. 아래 그림은 pH에 따른 탄산칼슘의 용해도 변화를 도시한 것이다.

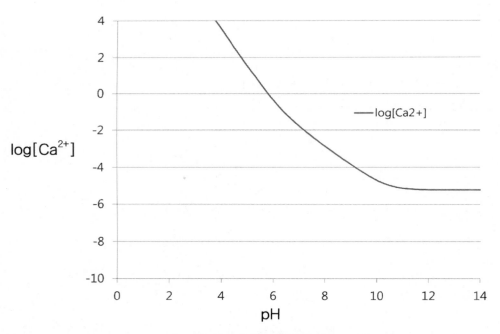

〈그림〉 pH 변화에 따른 탄산 칼슘 용해도

6.5.4 착화합물 형성과 용해도

금속이온이 리간드와 결합하는 용해성 착화합물 형성은 금속이온의 용해도를 증가 시킬 수 있다. 폐수 중의 금속이온을 제거하는 기술 중 하나는 난용성 염을 형성하는 것인데, 예를 들어 아연이온(Zn^{2+})이 함유된 폐수에 염기를 가하여 pH 를 높이면 난용성 수산화물, $Zn(OH)_{2(S)}$를 형성하여 침전 제거할 수 있다. 아연의 용해 반응식과 용해도곱상수는 다음과 같다.

$$Zn(OH)_{2(S)} \rightleftharpoons Zn^{2+} + 2OH^- \qquad Ksp = 8 \times 10^{-18}$$

pH 를 높여서 고체 $Zn(OH)_{2(S)}$침전을 형성할 수 있지만, 염기를 과잉으로 가하면 Zn^{2+}은 OH^-와 용해성 착화합물을 형성하여 침전물을 다시 용해시킬 수도 있다.

금속이온 Zn^{2+}이 리간드 수산화이온(OH^-)과 착화합물을 형성하는 단계적 평형 반응과 평형상수는 다음과 같다.

$$Zn^{2+} + OH^- \rightleftharpoons ZnOH^+ \qquad K_1 = 1.4 \times 10^4$$

$$ZnOH^+ + OH^- \rightleftharpoons Zn(OH)_{2(ag)} \qquad K_2 = 1.0 \times 10^6$$

$$Zn(OH)_{2(ag)} + OH^- \rightleftharpoons Zn(OH)_3^- \qquad K_3 = 1.3 \times 10^4$$

$$Zn(OH)_3^- + OH^- \rightleftharpoons Zn(OH)_4^{2-} \qquad K_4 = 1.8 \times 10^1$$

수용액 속에 용존 되어 존재하는 아연 화학종의 총농도, $C_{T,Zn}$에 대해 질량균 형식을 쓰면

$$C_{T,Zn} = [Zn^{2+}] + [ZnOH^-] + [Zn(OH)_{2(aq)}] + [Zn(OH)^-] + [Zn(OH)_4^{2-}]$$

$C_{T,Zn}$은 용해성 아연화학종의 총농도로, 아연의 용해도라고 할 수 있다. 한편 이 식에서 $Zn(OH)_{2(aq)}$는 용액속의 침전물 $Zn(OH)_{2(S)}$와는 다른, 이온화되지 않고 용해되어있는 화학종이다. 위의 평형상수 K_{sp}, K_1, K_2, K_3, K_4와 화학 평형 식으로부터 각 아연화학종의 농도를 수소이온 농도의 함수로 정리한 식은 다음과 같다.

$$[Zn^{2+}] = Ksp \cdot \frac{1}{Kw^2} \cdot [H^+]^2$$

$$[Zn(OH^+)] = Ksp \cdot K_2 \cdot \frac{1}{Kw} \cdot [H+]$$

$$[Zn(OH)_{2(aq)}] = Ksp \cdot K_1 \cdot K_2$$

$$[Zn(OH)_3^-] = Ksp \cdot K_1 \cdot K_2 \cdot K_3 \cdot Kw \cdot \frac{1}{[H^+]}$$

$$[Zn(OH)_4^{2-}] = Ksp \cdot K_1 \cdot K_2 \cdot K_3 \cdot K_4 \cdot Kw^2 \cdot \frac{1}{[H^+]^2}$$

아연화학종의 농도와 pH의 관계, $logC_{Zn}$-pH 도표를 그리기 위하여 위의 식에 log를 취한 후 정리한 식은 다음과 같다.

$$\log[Zn^{2+}] = (\log Ksp - 2\log Kw) - 2pH$$

$$\log[Zn(OH)^{+}] = (\log Ksp + \log K_2 - \log Kw) - pH$$

$$\log[Zn(OH)_{2(ag)}] = \log Ksp + \log K_1 + \log K_2$$

$$\log[Zn(OH)_3^{-}] = \log Ksp + \log K_1 + \log K_2 + \log K_3 + \log Kw + pH$$

$$\log[Zn(OH)_4^{2-}] = \log Ksp + \log K_1 + \log K_2 + \log K_3 + \log Kw + 2pH$$

평형상수 값을 이용하여 각 아연 화학종의 농도와 pH의 관계를 그림으로 그리면 다음과 같다.

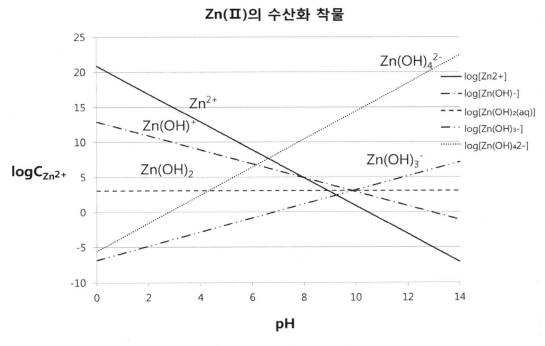

<그림> Zn(II)의 수산화 착화합물 형성 반응에 대한 pC-pH 도표

이 도표로부터 pH 에 따라 어떤 화학종이 가장 많이 존재하는지 또는 각 pH 에서 아연화학종 용해도는 어떻게 변하는지 등의 정보를 알 수 있다.

　　예를 들어 pH=9.0 이하에서 가장 우세한 화학종은 자유이온 Zn^{2+} 이고, pH = 11.0 에서 가장 농도가 높은 화학종은 $Zn(OH)_3^-$ 이다.

　　물속에서 아연이온을 제거하기 위한 최적 pH는 약 9.5이다.

　　만약 용액의 pH가 증가하여 $Zn(OH)_{2(S)}$ 에 리간드 OH^- 가 추가로 결합하면 착화합물 화학종, $Zn(OH)_3^-$ 또는 $Zn(OH)_4^{2-}$ 가 형성되어 아연 화학종의 용해도가 증가하게 된다.

7

산화 · 환원 반응

7.1 산화와 환원

산화·환원 반응은 수질계에서 산-염기 반응과 더불어 가장 중요한 반응으로써, 한 반응계 내에서 산화 반응과 환원 반응은 반드시 함께 일어난다. 산화·환원 정의에서 산화는 전자를 내주는 과정이고 환원은 전자를 받는 과정으로, 산화·환원 반응은 전자를 주고받는 반응이다. 예를 들어 두 물질, Red와 O_X가 n mole의 전자를 주고받는 산화·환원 반응은 다음과 같이 쓸 수 있다.

$$산화\ 반응:\ Red \rightleftharpoons Red^{n+} + ne^-$$

$$환원\ 반쪽반응:\ O_X + ne^- \rightleftharpoons O_X^{n-}$$

이 산화반응식과 환원반응식은 산화환원의 '반쪽반응(half reaction)'식 이라고 하는데, 실제 한 반응에서는 산화반응과 환원반응이 동시에 일어나므로 두 반응식을 합하여 전체 반응식을 나타내고 위의 반쪽 반응을 합하면 다음과 같다.

$$Red + O_X \rightleftharpoons Red^{n+} + O_X^{n-}$$

이 반응에서 산화수가 증가한 화합물 Red는 전자를 내주며 자신은 산화되었으며(Oxidized), 화합물 O_X를 환원시키는 환원제(reducing agent) 역할을 하였다. 한편 산화수가 감소한 화합물 O_X는 전자를 받아 자신은 환원되고(reduced), 화합물 Red를 산화시키는 산화제(oxidizing agent) 역할을 하였다.

산화 · 환원 반응식을 쓰고, 산화 · 환원 평형을 계산하는데 반드시 알아야
할 것은 화합물을 구성하는 원자들의 산화상태(oxidation state)로, 그 크기는
산화수(oxidation number)로 나타낸다. 원자의 산화수는 주기율표에서 원소
의 위치와 밀접한 관계가 있으며, 대표적인 고유 산화수를 갖고 있거나 화합물
내에서 결합 원소에 따라 상대적으로 결정되기도 한다. 산화수를 정하는 일반
적인 규칙 몇 가지는 다음과 같다.

(가) 화합물을 형성하지 않는 자유원소(원자 혹은 분자)의 산화수는 0이다.
　　　(예: Na, H_2, O_2, P_4)

(나) 한 원자로 된 이온(단원자 이온)의 산화수는 이온의 하전수와 같다.
　　　(예: Na^+의 산화수는 +1, O^{2-}의 산화수는 -2)

(다) 대부분의 화합물 속에서 산소원자(O)의 산화수는 -2 이지만, 과산화화
　　　합물에서는 -1 이다. (예: H_2O 에서 산소의 산화수는 -2, H_2O_2 에서 산
　　　소의 산화수는 -1)

(라) 수소(H)의 산화수는 +1 이지만, 금속과 결합한 화합물에서는 -1이다.
　　　(예: NH_3에서 H의 산화수는 +1, CaH_2에서 H의 산화수는 -1)

(마) 전기음성도가 가장 큰 원소인 플루오린의 산화수는 항상 -1 이고 다른
　　　할로젠 이온들은 대부분 -1이지만, 결합상태에 따라 달라질 수 있다.
　　　(예: HCl에서 Cl의 산화수는 -1, $HClO_3$에서 Cl의 산화수는 +5)

(바) 중성 화합물에서 각 원자의 산화수의 합은 0이 되고, 전하를 띤 다원자
　　　이온 화학종에서 모든 원자의 산화수 합은 다 원자 이온의 전하와 같아
　　　야한다. (예: OCl^-에서 O의 산화수는 -2, Cl의 산화수는 +1)

(사) 산화수는 정수가 아닌 경우도 있다.

(예: O_2^-(초과산화이온)에서 O의 산화수는 -1/2 이다)

수질화학에 관련된 대부분 화합물의 산화수는 위의 규칙에 따른다.

 산화·환원 반응식

7.2.1 유기물질과 무기물질을 포함하는 산화·환원 반응

산성 조건에서 중크로뮴산 포타슘의 Cr(VI)은 묽은 황산을 사용하는 산성 조건에서 에탄올, CH_3CH_2OH을 아세트산, CH_3COOH으로 산화시킨다. 이 산화 반응에서 산화제인 중크로뮴산 이온은 Cr(III)로 환원된다.

에탄올이 아세트산으로 변하는 반응에 대한 반쪽 반응을 쓰기 위해 주된 화합물을 쓴다.

$$CH_3CH_2OH \ \rightarrow \ CH_3COOH$$

양 쪽의 산소 원자 수의 균형을 맞추기 위해 일반적인 용매 물분자, H_2O를 이용한다.

$$CH_3CH_2OH \ + \ H_2O \ \rightarrow \ CH_3COOH$$

수소 원자의 균형을 맞추기 위해 수소 원자수가 적은 오른쪽에 양성자를 이용해서 균형을 맞춘다.

$$CH_3CH_2OH \ + \ H_2O \ \rightarrow \ CH_3COOH \ + \ 4H^+$$

반응식 좌우의 전하 균형을 맞추기 위해 전자를 반응식에 포함시키는 데, 오른쪽에 4개의 전자를 사용하면 반응식 좌우의 전하는 균형을 이룬다.

$$CH_3CH_2OH \ + \ H_2O \ \rightarrow \ CH_3COOH \ + \ 4H^+ \ + \ 4e^-$$

이제 중크로뮴산 이온($Cr_2O_7^{2-}$)의 반쪽반응을 고려한다. 주된 화학종 중크로뮴산의 Cr(VI)이 Cr^{3+} 이온으로 변하는 반응이다.

$$Cr_2O_7^{2-} \rightarrow Cr^{3+}$$

먼저 좌우의 Cr 원자수를 맞춘다.

$$Cr_2O_7^{2-} \rightarrow 2Cr^{3+}$$

산소 원자의 수는 수용액의 용매인 물 분자를 이용해서 좌우 균형을 맞추고 수소 원자 균형은 양성자, H^+를 이용해 맞춘다.

$$Cr_2O_7^{2-} \rightarrow 2Cr^{3+} + 7H_2O$$

$$Cr_2O_7^{2-} + 14H^+ \rightarrow 2Cr^{3+} + 7H_2O$$

다음은 전하 균형을 맞춘다. 왼쪽의 전하는 (−2) + (14 × (+1)) = +12, 오른 쪽은 2 × (+3) = +6이므로, 전하가 −1인 전자(e^{-1})를 사용해 균형을 맞추면

$$Cr_2O_7^{2-} + 14H^+ + 6e^- \rightarrow 2Cr^{3+} + 7H_2O$$

이제 완성된 두 반쪽 반응을 결합한다.

각 반쪽 반응식에 나타난 전자가 균형을 이루도록(최종 산화 · 환원반응식에 전자가 포함되지 않도록), 4와 6의 최소공배수인 12로부터 각 식에 12개의 전자가 포함되도록 첫 식에 3, 두 번째 식에 2를 곱해서 반응물 끼리, 그리고 생성물 끼리 더해주면 전자는 양쪽에서 제거 되어 다음과 같이 된다.

$$
\begin{array}{l}
3 \times (CH_3CH_2OH + H_2O \rightarrow CH_3COOH + 4H^+ + e^-) \\
2 \times (Cr_2O_7^{2-} + 14H^+ + e^- \rightarrow 2Cr^{3+} + 7H_2O) \\
\hline
3CH_3CH_2OH + 3H_2O + 2Cr_2O_7^{2-} + 28H^+ \\
\quad \rightarrow 3CH_3COOH + 12H^+ + 4Cr^{3+} + 14H_2O
\end{array}
$$

반응식 좌우의 같은 화학종을 정리하면, 산성 조건에서 Cr(VI)이 Cr(III)으로 환원되면서 (산화제로 작용하여서), 알코올을 아세트산으로 산화시키는 다음 반응식이 완성된다.

$$3CH_3CH_2OH + 2Cr_2O_7^{2-} + 16H^+ \rightarrow 3CH_3COOH + 4Cr^{3+} + 11H_2O$$

7.2.2 불균화 산화 · 환원 반응

염소 소독은 염소 분자가 물과 반응하여 약산인 차아염소산을 형성하는 산화 · 환원 반응이다. 이 반응의 산화 화학종과 환원 화학종을 구분하여 반쪽 반응식을 쓰고 다음과 같은 전체 반응식을 완성하여 보자.

$$Cl_2 + H_2O \rightleftharpoons HOCl + HCl$$

산화 반쪽 반응식을 쓰기 위해 산화가 일어난 화학종을 확인한다.

$$Cl_2 \rightleftharpoons HOCl$$

먼저 산소 질량 균형을 맞추기 위해 H_2O 분자를 도입하고, 염소와 산소 원자 수가 같아지도록 하면,

$$Cl_2 + 2H_2O \rightleftharpoons 2HOCl$$

수소 이온(H^+)을 이용하여 반응 전후의 수소 원자 수를 맞추면,

$$Cl_2 + 2H_2O \rightleftharpoons 2HOCl + 2H^+$$

전하 균형을 맞추기 위해 전자(e^-)를 이용하여 식을 완성하면 산화 반쪽 반응식이 된다.

$$Cl_2 + 2H_2O \rightleftharpoons 2HOCl + 2H^+ + 2e^- \quad ....(1)$$

환원 반쪽 반응식을 쓰기 위해 환원이 일어난 화학종을 확인한다.

$$Cl_2 \rightleftharpoons HCl$$

질량 균형을 위해 염소 원자 수를 맞추고, H^+를 이용해 수소 원자수를 맞춘다.

$$Cl_2 + 2H^+ \rightleftharpoons 2HCl$$

전하 균형을 맞추기 위해 전자(e^-)를 써서 식을 완성하면 환원 반쪽 반응식이 된다.

$$Cl_2 + 2H^+ + 2e^- \rightleftharpoons 2HCl \quad ....(2)$$

위의 반쪽 반응식 (1)과 (2)는 하나의 계에서 동시에 일어나는 반응이므로, 주고 받는 전자 수가 같아지게 (이 경우 이미 전자수가 같다) 두 반쪽 반응을 더하면 다음과 같이 균형을 맞춘 산화 · 환원 반응식이 완결되고, 완결된 식에서는 전자가 보이지 않는다.

$$Cl_2 + H_2O \rightleftharpoons HOCl + HCl$$

이 반응식에서 염소 원자를 포함하는 화학종 Cl_2, HOCl, HCl 속의 염소의 산화수는 각각 0, +1, -1이다. 따라서 $Cl_2 \rightarrow$ HOCl은 산화, 그리고 $Cl_2 \rightarrow$ HCl은 환원으로, 한 반응 내에서 하나의 화합물, Cl_2가 산화되기도 하고 환원되기도 하였다. 이렇게 하나의 화합물이 한 반응에서 동시에 산화하고 환원되는 반응을 불균화 반응(disproportionation)이라고 한다.

7.3 전자 활동도와 산화 · 환원 평형식

산화(반쪽)반응을 하는 환원제, Red의 산화 · 환원 반응과 질량작용법칙에 따라 평형 상수를 기술하면 평형상수, K는 다음과 같다.

$$Red \rightleftharpoons Red^{n+} + ne^-$$

$$K = \frac{[Red^{n+}][e^-]^n}{[Red]}$$

여기서 n은 산화 · 환원 반응에서 주고받는 전자 수에 해당한다. 실제 수용액 속에 자유전자(e^-)가 실제 독립된 화학종으로 존재하는 것은 아니지만 산화·환원 반응에 관여하는 전자를 정량적으로 나타내기 위해서는, 산·염기 반응에서의 수소이온(H^+)의 농도를 pH 값 크기로 정의하는 것과 유사하게, 산화·환원 평형상태를 기술하는데 다음과 같이 전자농도(또는 전자 활동도)를 정의하여 사용한다.

$$pe = -\log[e^-]$$

pe크기는 산화·환원 세기(redox intensity)를 나타낸다. 산화·환원 세기 즉, pe값이 작은 경우는 $[e^-]$ 값이 크고 전자 농도가 높은 상태로, 반응환경(용매 여건)이 환원이 일어나기 유리한 조건이며, pe값이 큰 경우는 $[e^-]$ 값이 작고 전자 농도가 낮은 상태로 반응 환경(용매 여건)이 산화가 일어나기 유리한 조건에 해당한다.

산화·환원 반응에 관한 평형상수 K를 나타낸 식의 양변에 로그를 취하여 정리하면 다음과 같은 식이 된다.

$$pe = \frac{1}{n}logK + \frac{1}{n}log\frac{[Red^{n+}]}{[Red]}$$

이 식에서 $[Red^{n+}]/[Red]=1$인 경우의 pe 는 표준산화세기 $pe°$ 이다.

$$pe° = \frac{1}{n}logK$$

따라서 $pe = pe° + \dfrac{1}{n}log\dfrac{[Red^{n+}]}{[Red]}$

이 식의 과정은 산·염기반응에서 산의 해리평형 $HA \rightleftharpoons H^+ + A^-$ 의 평형상수 $Ka = [HA]/[H^+][A^-]$ 의 양변에 로그를 취하여 정리한 다음 식과 비교하면 매우 유사함을 알 수 있다.

$$pH = pKa + log\dfrac{[A^-]}{[HA]}$$

즉 전자의 농도(활동도)에 관한 pe값과 해당하는 산화 · 환원 화학종 쌍의 농도의 관계는 수소이온의 농도(활동도)에 관한 pH값과 해당하는 산·염기 화학종 쌍의 농도관계와 매우 닮았다. 산화 · 환원 반응의 세기로서 pe는 산화 · 환원 반응을 기술하는 중요 변수로 사용된다.

실제 산화 · 환원 반응은 $Red \rightleftharpoons Red^{n+} + ne^-$ 와 같은 단순한 경우보다 산화 · 환원 화학종 쌍의 반응물과 생성물 양쪽에 여러 화학종이 동시에 관여하는 복잡한 반응이 많으며, 평형을 해석할 때 모든 화학종을 고려해야한다.

7.4 산화·환원 평형 해석의 예: NO₃⁻/NH₄⁺

산화·환원반응의 예로써 실제 수질환경에서 볼 수 있는 질소 화학종의 산화·환원 반응의 한 예인 질산이온/암모늄 (NO_3^-/NH_4^+)시스템의 반쪽 반응을 기술하면 다음과 같다. 이 반응으로부터 산화·환원세기를 나타내는 변수 pe 와 반응의 주된 화학종 쌍 NO_3^-/NH_4^+의 농도 사이의 관계식을 나타내보자.

$$\frac{1}{8}NO_3^- + \frac{5}{4}H^+ + e^- \rightleftharpoons \frac{1}{8}NH_4^+ + \frac{3}{8}H_2O$$

질량작용법칙에 따른 평형상수 K는

$$K = \frac{[NH_4^+]^{\frac{1}{8}}}{[NO_3^-]^{\frac{1}{8}} \cdot [H^+]^{\frac{5}{4}} \cdot [e^-]}$$

이 식의 양변에 log를 취하고 $-\log[e^-] = pe$ 및 $\frac{1}{8}\log K = pe°$ 로 정리하면

$$pe = pe° + \log\frac{[NO_3^-]^{\frac{1}{8}}[H^+]^{\frac{5}{4}}}{[NH_4^+]^{\frac{1}{8}}}$$

한편, 산·염기 반응에서 $-\log[H^+] = pH$이므로

$$pe = pe^\circ - \frac{5}{4}pH + \frac{1}{8}log\frac{[NO_3^-]}{[NH_4^+]}$$

이 화학종 쌍 NO_3^-/NH_4^+의 산화 · 환원 평형상태는 화학종 쌍의 농도 이외에 수소이온의 농도 즉, pH값에 따라서도 달라진다.

따라서 두 개의 주 변수 pe와 pH에 의해 영향을 받는 이 계를 pe-pH 그림으로 나타낼 수 있다. 그리고 경우에 따라서는 추가적으로 이에 관련된 다른 평형반응들을 고려할 수도 있다.

여기서 다음과 같은 환원 반쪽 반응에 대하여

$$O_X + ne^- \Leftrightarrow O_X^{n-}$$

평형상수를 정리한 식

$$pe = pe^\circ + \frac{1}{n}log\frac{[O_X^{n-}]}{[O_X]}$$

에서, 임의의 시점에서 농도 값, $\frac{[O_X^{n-}]}{[O_X]}$ 를 Q(반응계수, quotient)로 표기하면

$pe = \frac{1}{n}logK + \frac{1}{n}logQ$ 가 되고 $[O_X] = [O_X^{n-}]$인 지점, 즉 Q = 1인 경우의

pe는 pe°로 정의된다.

$$즉 \; pe^\circ = \frac{1}{n}logK$$

이는 평형상태의 산화·환원반응의 환원력의 세기 즉 전자의 활동도(혹은 농도)와 반응평형상수의 관계를 나타낸다.

한편 반응의 평형상수 K는 반응의 자발성 척도인 Gibb's의 자유에너지 $\varDelta G^\circ$ 와 $\varDelta G^\circ$ = -RTlnK = -2.303RTlogK 의 관계가 있으며, 이 Gibb's의 에너지는 Nernst식으로부터 유도되는 $\varDelta G^\circ$ = -nFE$^\circ$ (여기서 E$^\circ$는 화학종의 환원반응에 따른 기전력) 식으로도 나타낼 수 있다. 따라서 이 두식을 이용하여 정리하면

$$logK = \frac{-\triangle G^\circ}{2.303RT}$$

$$logK = \frac{nFE^\circ}{2.303RT}$$

여기에 파라데이 상수(Faraday's constant, F = 96,500 coulomb)와 기체상수(gas constant, R= 8.31 coulomb·V/mol·K = 8.31 J/mol·K)와 온도 (이 반응이 25 ℃ 상온에서 일어나는 경우) T= 298 K를 대입하면

$$logK = -0.176\triangle G^\circ \quad (\triangle G^\circ \text{단위} : KJ)$$
$$= 16.94E^\circ$$

$$\text{즉 } pe^\circ = \frac{1}{n}logK = \frac{16.94E^\circ}{n} = \frac{-0.176\triangle G^\circ}{n}$$

따라서 이 관계로 부터 전자의 활동도(pe°), 평형상수(K), 및 환원전위(E$^\circ$)는 산화·환원반응의 자발성을 가름하는 자유에너지($\varDelta G^\circ$)의 다른 표현방법이라고 볼 수 있다.

다음 표에 환경 분야에서 볼 수 있는 중요한 산화 · 환원 반응의 평형상수를 나타내었다.

〈표〉 몇 가지 산화 · 환원 반쪽 반응의 평형상수

Reaction	$\log K$
$Fe(OH)_{3(S)} + 3H^+ + e^- = Fe^{2+} + 3H_2O$	16.00
$1/6\,NO_2 + 4/3\,H^+ + e^- = 1/6\,NH_4^+ + 1/3\,H_2O$	15.14
$1/4\,CH_2O + H^+ + e^- = 1/4\,CH_{4(g)} + 1/4\,H_2O$	6.94
$1/6\,SO_{+4}^{2-} + 4/3\,H^+ + e^- = 1/6\,S_{(s)} + 2/3\,H_2O$	6.03
$1/8\,SO_4^{2-} + 5/4\,H^+ + e^- = 1/8\,H_2S_{(g)} + 1/2\,H_2O$	5.25
$1/6\,N_{2(g)} + 4/3\,H^+ + e^- = 1/3\,NH_4^+$	4.68
$1/2\,S_{(s)} + H^+ + e^- = 1/2\,H_2S_{(g)}$	2.89
$1/4\,CO_{2(g)} + H^+ + e^- = 1/24\,C_6H_{12}O_6 + 1/4\,H_2O$	−0.20
$1/4\,CO_{2(g)} + H^+ + e^- = 1/4\,CH_2O + 1/4\,H_2O$	−1.20
$NO_3^- + 2e^- + 2H^+ = NO_2^- + H_2O$	28.57
$NO_3^- + 8e^- + 10H^+ = NH_4^+ + 3H_2O$	119.08
$2NO_3^- + 10e^- + 12H^+ = N_2(g) + 6H_2O$	210.34
$SO_4^{2-} + 8e^- + 9H^+ = HS^- + 4H_2O$	33.68
$2H^+ + 2e^- = H_2(g)$	0.00
$2H^+ + 2e^- = H_2(aq)$	3.10
$O_2(aq) + 4H^+ + 4e^- = 2H_2O$	86.00
$O_3(g) + 2e^- + 2H^+ = O_2(g) + H_2O$	70.12
$HOCl + 2e^- + H^+ = Cl^- + H_2O$	50.20

두 개의 환원 반쪽 반응에 대한 평형상수를 결합함으로써 완전한 형태의 산화·환원반응에 대한 평형상수를 표현할 수 있다. $pe^\circ = \dfrac{1}{n} \cdot K$ 로부터 두 환원 반쪽 반응 1과 2에 대해 다음과 같이 쓸 수 있고,

$$pe^\circ_1 - pe^\circ_2 = \frac{1}{n}\log K_1 - \frac{1}{n}\log K_2$$
$$= \frac{1}{n}\log K$$

위의 식에 따라 완전한 형태의 산화·환원 반응에 대한 평형상수를 계산할 수 있다.

산화·환원 반응의 예로써 대기 중의 산소와 평형을 이루고 있는 수질계의 암모늄이온의 반응을 살펴본다. 전체 화학종의 반응식은 다음과 같다.

$$NH_4^+ + 2O_2 = NO_3^- + 2H^+ + H_2O$$

일반적인 화학반응식에서와 마찬가지로 이 반응의 화학평형상수는 질량작용의 법칙으로부터 다음과 같이 쓸 수 있다.

$$K = \frac{[NO_3^-]\,[H^+]^2}{[NH_4^+]\,[P_{O_2}]^2}$$

여기서 P_{O^2}는 대기 중 산소의 부분압력이고, 물속에서의 용존 농도는 Henry법칙에 따라 계산할 수 있으나, 산화 환원 평형에서는 위의 개별화학종의 농도를 결정하는 것보다 다음 방법으로 해석한다.

산화 · 환원반응은 산화반쪽반응과 환원반쪽반응으로 이루어지는데, 위의 반응은 다음 두 반쪽 반응으로부터 반응식을 완결할 수 있고, $pe°$ 값은 표에서 알 수 있다.

$$O_2 + 4H^+ + 4e^- \rightleftharpoons 2H_2O \qquad pe° = 21.50 \ (\log K = 86.00)$$

$$NH_4^+ + 3H_2O \rightleftharpoons NO_3^- + 10H^+ + 8e^- \quad pe° = 14.89 \quad (\log K = 719.08)$$

두 식에서 주고받는 전자수를 일치시키기 위해서 첫 번째 식에 2를 곱하면 식은 다음과 같이 된다.

$$2O_2 + 8H^+ + 8e^- \rightleftharpoons 4H_2O \qquad pe° = 43.00 \quad (\log K = 173.00)$$

이 식과 위의 두 번째 식을 더하면

$$NH_4^+ + 2O_2 \rightleftharpoons NO_3^- + 2H^+ + H_2O \quad pe° = 28.11 \ (\log K = 53.2)$$

$$K = \frac{[NO_3^-][H^+]^2}{[NH_4^+][P_{O_2}]^2} = 10^{53.2}$$

NH_4^+/NO_3^-, O_2/H_2O 반응이 pH = 7.0의 수질계속에서 산소의 부분압력 $P_{O^2} = 0.21$ atm인 상태에서 일어난다면, $[NO_3^-]/[NH_4^+]$ 값은 약 7.0×10^{64} 이다.

이는 위의 산화 · 환원반응의 평형이 오른쪽 즉, 질산이온(NO_3^-)생성으로 기울어져 있음을 가리키고, 암모늄 이온은 산소에 의해 산화가 일어나며 물속에서 열역학적으로 불안정하다는 것을 뜻한다.

암모늄이온이 질산이온으로 산화하는 반응에는 미생물이 작용하고 이 반응은 '질산화(nitrification)'이라고 한다. 일반적으로 수질계에서의 산화 · 환원반응 중에는 미생물이 관여 하는 것이 많은데, 생물체(biomass)가 산화제로 작용하는 산소와 반응하여 이산화탄소로 변하는 것이나, 산소가 없는 경우 다른 산화제, 예를 들어 질산이온이 관여하는 탈질반응과 같은 산화 · 환원반응이 있다.

7.5 pe-pH 도표

산화 환원반응을 그림으로 나타내는 pe-pH (안정영역)도표는 양성자와 전자가 여러 조건하에서 반응의 평형을 어떻게 이동시키는지를 포괄적으로 보여준다. 이 도표를 통하여 주어진 pe-pH 조건에서 주로 어떤 화학종이 존재하는지를 알 수 있다.

(1) 물의 산화 · 환원 경계조건

먼저, 수질계의 용매인 물(H_2O)의 안정화영역에 대한 산화 · 환원 경계선을 그리기 위해 산화경계에서의 물의 반쪽반응을 기술하면,

$$\frac{1}{4} O_2 + H^+ + e^- \rightleftharpoons \frac{1}{2} H_2O$$

이 반응의 산화/환원 화학종은 O_2/H_2O 이고 이 환원 반쪽 반응식에 대한 전자 활동도 pe는,

$$pe = pe^\circ + \frac{1}{n} \log \frac{[O_2]^{\frac{1}{4}} \cdot [H^+]}{[H_2O]^{\frac{1}{2}}}$$

여기서, pe° = 21.5 , 전자의 몰수 n = 1, pH = $-\log[H^+]$ 그리고 물이 산화되어 발생되는 산소 기체 분압이 최대가 되어 대기압과 같아지는 값, P_{O_2} = 1.0 atm 을 위에 대입하면 식은 다음과 같이 된다. 이 결과로 부터 O_2/H_2O 경계선에 대한 pe-pH 를 도시할 수 있다.

$$pe = pe^\circ + \frac{1}{n} \log \frac{[O_2]^{\frac{1}{4}} \cdot [H^+]}{[H_2O]^{\frac{1}{2}}}$$

$$= 21.5 - pH + \frac{1}{4} log P_{O_2}$$

$$pe = 21.5 - pH$$

한편 환원 경계에서의 물의 반쪽반응은 다음 식으로 쓸 수 있는데,

$$H_2O + e^- \rightleftharpoons \frac{1}{2}H_2 + OH^-$$

$$OH^- + H^+ \rightleftharpoons H_2O$$

이 식을 합하면, 알짜 반응식은 다음과 같이 쓸 수 있다.

$$H^+ + e^- \rightleftharpoons \frac{1}{2}H_2$$

이 반응의 산화/환원 화학종, H^+/H_2에 관하여,

$$pe = pe° + \frac{1}{n}\log\frac{[H^+]}{[H_2]}$$

여기서, $pe° = 0.0$, 전자의 몰수 n = 1, pH = $-\log[H^+]$ 그리고 물이 산화되어 발생되는 수소 기체 분압이 최대가 되어 대기압과 같아지는 값, P_{H2} = 1.0 atm 을 위에 대입하면 식은 다음과 같이 된다. 이 결과로 부터 H_2O/H_2 경계선에 대한 pe-pH 를 도시할 수 있다.

$$pe = pe° + \frac{1}{n}\log\frac{[H^+]}{[H_2]^{\frac{1}{2}}}$$

$$= pe° - pH - \frac{1}{2}\log P_{H_2}$$

$$pe = -pH$$

물의 산화 환원 경계면에 대한 pe-pH 도시를 요약하면 다음과 같다. 수질화학에서 산화 · 환원 반응이 일어나는 용매인 물은, 그 자체가 양쪽성 물질로 산화하거나 환원하는 성질을 모두 갖고 있다. 산화 · 환원 반쪽반응과 각 반응에 대한 반응식과 $pe\degree$ 값을 이용해서,

$$H^+ + e^- \rightleftharpoons \frac{1}{2} \qquad\qquad pe\degree = 0$$

$$\frac{1}{4}O_2 + H^+ + e^- \rightleftharpoons \frac{1}{2}H_2O \qquad pe\degree = 21.5$$

이 두 식에서 유도한 pe-pH 함수를 X-Y도표에 그리면 물이 액체로 존재하는 안정화영역과 수소기체로 환원되는 경계 및 산소 기체로 산화되는 경계를 나타낼 수 있다. 이때 생성되는 기체의 최대 부분 압력은 외기압 (P = 1 atm)과 평형에 놓인 것으로 간주하여 $\log P_{H2}$ = 0또는 $\log P_{O2}$ = 0 이다. pe-pH 그림은 다음 그림과 같이 그릴 수 있는데, 여기서, 두 직선 사이의 영역이 액체상태 물의 안정화 영역이고 그 위에서는 물이 산화되어 산소기체가 되고, 물의 영역 아래는 물이 환원되어 수소기체가 발생하는 영역이다.

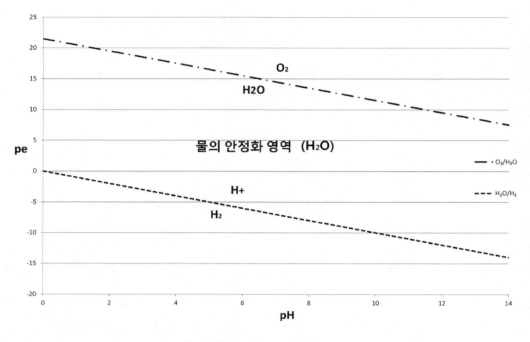

〈그림〉 물의 pe-pH 도표

자연수에 함유된 물은 산화제로서 중요한데 위의 pe 식에 따르면 물이 pH = 7에서 대기 중 산소 (부분압력 P_{O_2} = 0.21 atm)로 포화된 경우 산화·환원세기 는 pe = 14.3이다.

$$pe = 21.5 - pH + \frac{1}{4} log P_{O_2}$$
$$= 21.5 - 7 + \frac{1}{4} log(0.21)$$
$$= 14.3$$

한편 pe-pH 도표위의 직선은 화학종의 경계선으로 도표에서 이웃하는 화학종들이 같은 농도로 지배적으로 존재하는 안정화 영역 경계선이다. 몇 가지 화학종의 화학적 특성에 따른 pe-pH 도표를 그려본다.

(1) pe값과 무관한 반응에 대한 pe-pH 도표

반응이 pe값에 무관한, 즉 산화 · 환원 반응이 포함되지 않은 화학종간의 화학평형은 pe-pH 도표에 나타낼 수 있다.

예를 들어 다음과 같은 산-염기 반응에서,

$$HSO_4^- \rightleftharpoons SO_4^{2-} + H^+ \qquad \log K = -2.0$$

$$K = \frac{[SO_4^{2-}][H^+]}{[HSO_4^-]}$$

$$\log K = -2.0 = \log \frac{[SO_4^{2-}]}{[HSO_4^-]} - pH$$

두 화학종, SO_4^{2-}/HSO_4^- 가 같은 농도로 존재하는 경계선은, $[SO_4^{2-}] = [HSO_4^-]$ 로부터 pH=2.0, 이것을 pe-pH 도표 위에도시하면 아래 그림과 같이 pH=2.0에서 pe 값에 무관한 수직 직선이 경계선이 된다.

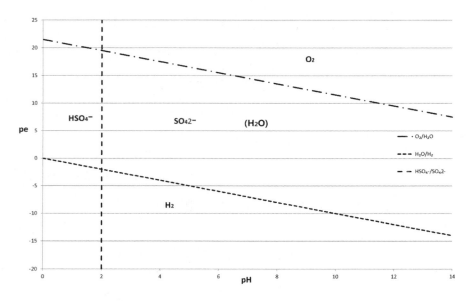

〈그림〉 물속에서 두 화학종, SO_4^{2-}/HSO_4^- 의 pe-pH 도표

(2) 용존 화학종들 사이의 산화 · 환원반응 경계선

황산 이온이 환원되어 황화수소 이온이 되는 반쪽 반응식은 다음과 같고, 이 반응의 평형 상수는 logK = 34.0 이다. 이로부터 SO_4^{2-}/HS^- 경계선을 pe-pH 도표에 그릴 수 있다.

$$SO_4^{2-} + 9H^+ + 8e^- \;\rightleftharpoons\; HS^- + 4H_2O \qquad \log K = 34.0$$

$$pe \;=\; pe^\circ + \frac{1}{8}log\frac{[SO_4^{2-}][H^+]}{[HS^-]}$$

$$pe \;=\; \frac{34}{8} + \frac{1}{8}log\frac{[SO_4^{2-}]}{[HS^-]} - \frac{9}{8}pH$$

황산 이온과 황화수소 이온 농도가 같은, $[SO_4^{2-}] = [HS^-]$ 경계에서의 pe-pH 직선은 다음 식으로 나타난다.

$$pe = \frac{34}{8} - \frac{9}{8}pH$$

이 식을 물의 안정화 영역이 표시된 pe-pH 도표에 그리면 다음 그림과 같다.

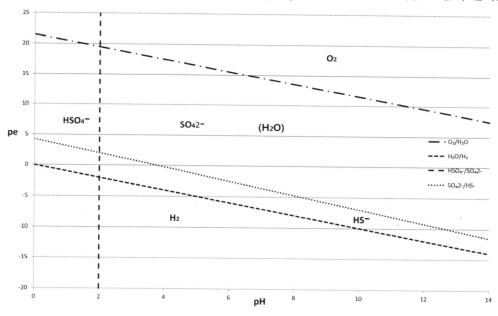

〈그림〉 물속에서 두 화학종, SO_4^{2-}/HS^- 의 pe-pH 도표

(3) 용존 화학종과 고체 화학종 사이의 산화 · 환원경계선

황산이온(SO_4^{2-})이 환원되어 고체 황(S)으로 산화 석출되는 경계 조건은 다음 반쪽 반응식으로부터 구할 수 있다.

$$SO_4^{2-} + 8H^+ + 6e^- \; \rightleftharpoons \; S_{(S)} + 4H_2O \qquad \log K = 36.2$$

$$pe = \frac{36.2}{6} + \frac{1}{6}\log\frac{[SO_4^{2-}][H^+]^8}{[HS^-]}$$

순수한 고체 원소에 대한 값 [S(S)] = 1 을 적용하면

$$pe = \frac{36.2}{6} + \frac{1}{6}log[SO_4^{2-}] - \frac{8}{6}pH$$

[SO$_4^{2-}$] = 10^{-2} M인 경우에는 다음 식에 따라 pe-pH 관계를 도시할 수 있다.

$$pe = 5.70 - \frac{8}{6}pH$$

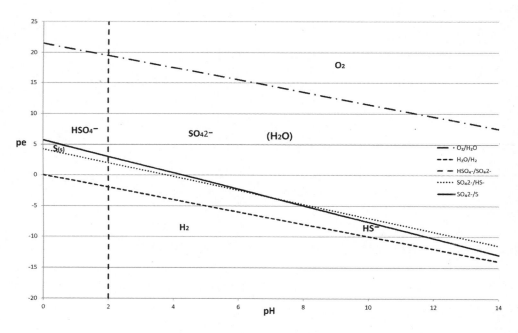

〈그림〉 물속에서 두 화학종, SO$_4^{2-}$/S$_{(S)}$ 의 pe-pH 도표

8

물의 반응: 화학 물질로서의 물

사람을 포함한 생물체에 관련된 화학반응들은 거의 물속에서 일어난다. 많은 반응들이 물 환경에서 일어나지만 물의 역할은 반응물과 생성물의 용매로서 뿐 아니라, 물 분자 자체(H_2O) 혹은 물의 자동해리에 따른 H_3O^+ 또는 OH^-이 반응화학물질이나 촉매로 작용하기도 한다. 용매인 물속에서 다양한 화학물질이 일으키는, 산·염기, 착화합물형성, 침전과 용해 및 산화·환원 반응의 평형에 관해 논의한 앞에서의 수질화학 반응과는 다른 물의 화학반응을 알아본다.

 ## 8.1 물의 분해 반응

지구환경에 존재하는 수소는 거의 다른 원소들과 결합을 하는데 그 중 가장 흔한 경우가 산소와 반응하여 물 분자를 형성하는 것이다. 이는 수소원자와 산소원자가 원소상태로 존재하는 것보다 결합 형태로 존재할 때 훨씬 더 안정하기 때문이다, 이러한 사실은 두 원소로부터 물이 생성되는 과정에 대한 엔탈피(enthalpy)변화를 보면 알 수 있다.

$$2H_2 + O_2 \rightleftharpoons 2H_2O \quad \triangle H = -585.4\,KJ/mol\;(25℃)$$

이 물 생성반응에 대한 에너지도표를 아래 그림과 같이 그릴 수 있다.

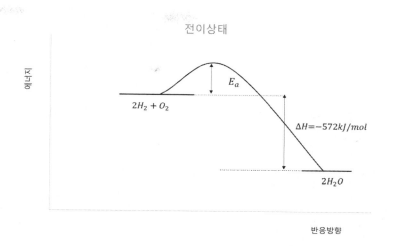

그림에서 알 수 있듯이 생성물질(두 분자의 물)이 갖는 에너지는 반응물질 (수소와 산소)들의 에너지 합보다 작다. 따라서 이 반응이 일어나면 반응물질 과 생성물질의 차이에 해당하는 에너지(585.4KJ/mol)가 열(heat)형태로 반응 계 밖으로 빠져나간다. 즉 수소와 산소로부터 물이 생성되는 이 합성반응은 발 열(exothernic)과정이다. 그 열, 반응엔탈피는 생성물과 반응물의 엔탈피의 차 이이다.

$$\triangle H_{반응} = \triangle H_{생성물} - \triangle H_{반응물}$$

(이 반응과는 달리 생성물의 엔탈피가 반응물의 엔탈피 보다 더 큰 경우 ΔH 반응 〉 인 경우, 반응은 흡열(endothermic)과정이다)

물 합성 반응은 많은 에너지를 반응계 밖으로 방출하지만 상온에서 자발적으 로 진행되지는 않는다. 수소 기체와 산소 기체가 혼합되어 반응이 진행되려면 활성화(activation)과정(예를 들어 불꽃)이 필요하다. 반응이 일어나기 위해 필 요한 이 과정은 위의 에너지그림에서 볼 수 있듯이 '활성화 에너지(activation energy)', 즉 반응물질의 출발상태와 반응과정에서 에너지가 가장 높은 전이 상태(transition state)사이의 에너지 차이에 해당하는 에너지가 필요하다. 활성화 에너지는 반응물질과 생성물질 사이의 에너지 언덕에 해당하고 반응이 일어나기 위해서는 반응계가 반드시 이 에너지 장벽을 극복해야 한다.

수소기체를 연소하여(산소기체와 반응시켜) 물을 합성하는 반응은 에너지(585.4KJ/mol)를 생산하는 과정이므로, 이를 다른 에너지원과 비교해 볼 수 있다. 물질 1Kg을 연소반응시킬 때 얻는 에너지의 몇 가지 예를 다음 표에 나타내었다.

〈표〉물질 1Kg을 연소시킬 때 얻는 에너지

연소물질	반응에너지(단위: $\times 10^3 \, KJ/Kg$)
수소	143
휘발유(헥세인)	48
탄소	33
에탄올	30
나무셀룰로스	18
우라늄	7.2×10^7

이 표를 보면 U^{235}의 핵반응 경우를 제외하고는, 가연성 연료 중 수소기체가 가장 큰 에너지를 내는 물질임을 알 수 있다. 한편 큰 에너지 뿐 아니라 수소가 에너지원으로 각광을 받는 또 다른 이유는 연료로 사용하면 연소 후 생성물질은 물 뿐이므로 오염물질을 발생하지 않기 때문인데, 여기에는 조건이 따른다.

즉 수소를 연소할 때 공기(산소와 질소 등 기체혼합물)가 아닌, 순수한 산소를 사용해야 한다.

수소를 공기와 연소시킬 때의 온도는 약 2300 ℃에 이르는데, 공기의 온도가 약 500 ℃이상이 되면 질소산화물 (NO$_x$)이 생성된다. 공기조성의 약 80%인 질소 기체는 공기 중 산소(조성비 약 20%)와 다음과 같은 반응을 한다.

$$N_2 + O_2 \rightleftharpoons 2NO$$

$$N_2 + 2O_2 \rightleftharpoons 2NO_2$$

이러한 질소산화물 생성이 없는 깨끗한 수소기체 연소는 전기를 생산하는 연료전지(fuel cell)를 이용하는 경우이다. 또 다른 가능성은 수소와 순수한 산소를 정확한 비율로 연소하는 것으로 이때 반응온도는 3000 ℃이상이다.

지구환경에 원소상태의 수소가 있기는 하지만 미량이므로 여러 용도로 사용하기 위해서는 공업적으로 생산하는데 최대 원료물질이 물 (H$_2$O)이다. 물을 다음 반응에서처럼 구성원소로 분해하면 수소를 얻을 수 있다,

$$2H_2O \rightleftharpoons 2H_2 + O_2 \qquad \triangle H = +585.4\,KJ/mol$$

이 반응은 원소로부터 물을 생성하는 반응의 역반응에 해당하고, 에너지도 표를 보면 반응 수행에 필요한 에너지가 큰 것을 알 수 있다.

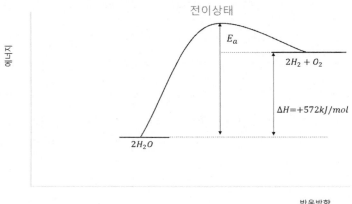

에너지 그림에서 보듯이 반응물과 생성물의 에너지 차이는 물 합성반응에서 와 같으나, 물의 분해는 $\Delta H > 0$으로 흡열 반응이다. 또한 활성화 에너지(E_a) 크 기는 물 합성 반응에 비해 훨씬 크다. 물을 열분해 시키기 위한 온도는 약 2000 ℃에 이른다. 물을 분해하는 방법으로는 전기를 이용한 방법이 좀 더 적절하 다. 물의 전기분해 장치 기본구성은, 전기를 공급해 주는 전원과 물속에 양극 과 음극 두 전극을 갖추어 물속에 전류를 흘려주는 것이다. 순수한 물은 전기 를 잘 통하지 않으므로 전해질(예: 1 M H_2SO_4)이 들어있는 물을 이용하고, 전 극은 보통 백금(Pt)을 사용하여 외부 전원에 연결해 전기분해를 수행한다. 전 류가 흐르면 앞의 반응, $2H_2O \rightleftharpoons 2H_2 + O_2$ 에 따라 수소와 산소가 2:1의 부피 비로 생산된다. 이때 각 전극에서의 반응은 다음과 같다.

$$양극(\text{anode}, +극): 2H_2O \rightarrow O_2 + 4H^+ + 4e^-$$

$$음극(\text{cathode}, -극): 2H_2O + 2e^- \rightarrow H_2 + 2OH^-$$

물의 전기분해로 양극에서는 산소기체가 발생되고 음극에서 수소기체가 생성된다. 전기분해는 깨끗한 수소기체를 얻을 수 있지만 수소생산 비용이 많이 들기 때문에, 대량의 수소는 다른 방법(예: 수증기 개질 등)을 통해 생산하다.

8.2 물과 금속의 반응

지각을 구성하는 물질 중 금속 화학종은 주로 산소와 결합한 산화물인데 이는 금속산화물이 화학적으로 매우 안정하기 때문이다. 이 금속산화물은 여러 반응 경로를 통해 형성된 것인데 그 중에는 물과 반응을 하여 생성되기도 한다.

금속(M)이 Z몰의 물과 반응하는 일반적인 화학반응식은 다음과 같다.

$$M + ZH_2O \;\rightleftharpoons\; M(OH)_Z + \frac{Z}{2}H_2\uparrow$$

금속 중 알칼리금속은 찬 물과도 위의 반응식에 따라 격렬히 반응하지만, 금속과 물의 반응성은 금속에 따라 다르다. 알칼리 및 알칼리토 금속은 상온에서도 물과 자발적으로, 때론 폭발 반응을 하기도 한다. 예를 들어 Na, K, Ca는 물과 반응하여 수산화물과 수소를 생성하며 열을 발생한다. Mg경우는 물과의 반응속도가 느리고, 수증기와 반응시키면 산화마그네슘이 생성된다.

$$Mg + 2H_2O \; \rightleftharpoons \; Mg(OH)_2 + H_2$$

$$Mg + H_2O(수증기) \; \rightleftharpoons \; MgO + H_2$$

기타 많은 금속(예: 철)은 물과 반응하기 위해서는 활성화 에너지(대부분 경우 열)가 필요하다. 한편 귀금속(금, 백금 등)은 고온에서도 물과 반응하지 않는다. 금속이 물과 반응하여 형성되는 최종 생성물은 금속산화물이다. 금속물질의 부식은 대부분 원치 않는 화학반응이고 때로는 환경재난의 원인이 되기도 한다. 금속부식은 대체로 금속과 비금속 사이의 결합 형성으로 나타나는데 그 중에서도 산소 기체가 금속과 결합하는 경우가 많다. 대표적인 부식으로 철(Fe)이 녹스는 현상을 들 수 있다.

$$4Fe + O_2 + 2H_2O \; \rightleftharpoons \; 2Fe(OH)_2$$

$$4Fe(OH)_2 + O_2 + 2H_2O \; \rightleftharpoons \; 4Fe(OH)_3$$

생성된 수산화물에서 물이 완전히 혹은 일부 떨어져 나가면서, Fe_2O_3혹은 Fe(OH)형태의 녹이 생성된다.

$$2Fe(OH)_3 \; \Leftrightarrow \; Fe_2O_3 + 3H_2O$$

$$Fe(OH)_3 \; \Leftrightarrow \; FeO(OH) + H_2O$$

철 소재로 된 저장탱크에 유해한 화학물질을 보관할 때, 탱크에 부식이 일어나면 환경재난이 발생할 수 있다(1984년 인도, Bhophal에서 Metylisocyanate

저장 탱크 폭발). 금속과 물의 반응으로 생기는 이런 부식은 막대한 경제적 비용으로 나타난다. 해마다 생산되는 철 생산량의 약 1/3은 부식으로 손상된 철을 보수하는데 사용된다.

8.3 물과 금속산화물의 반응

금속산화물이 물에 소량이라도 녹으면 서로 반응하여 금속 수산화물을 생성한다. 예를 들면 다음과 같은 반응을 들 수 있으며, 이 형태의 반응은 많은 경우 발열반응으로 큰 에너지를 발생한다.

$$K_2O + H_2O \rightleftharpoons 2KOH$$

$$Al_2O_3 + H_2O \rightleftharpoons 2Al(OH)_3$$

금속산화물과 물이 반응하여 생성되는 금속수산화물은 물에 녹아 용액을 염기성으로 만든다. 그 중 환경과 농업 등에서 많이 사용되는 산화칼슘(CaO: 생석회)는 물에 녹아 수산화칼슘($Ca(OH)_2$, 소석회)를 생성하고, 이는 물속에서 해리하여 OH^-를 생성함으로써 수용액의 pH를 낮춘다.

$$CaO + H_2O \rightleftharpoons Ca(OH)_2$$

$$Ca(OH)_2 \rightleftharpoons Ca^{2+} + 2OH^-$$

8.4 물과 비금속의 반응

대부분의 비금속은 물과 자발적으로 반응하지 않는다. 할로젠 원소 중 전기음성도 가장 큰 플로오린(F_2)기체는 물을 산화시켜 플루오린 산과 산소 기체를 생성한다.

$$F_{2(g)} + 2H_2O \rightarrow HF_{(aq)} + O_2 \uparrow$$

다른 할로젠 기체는 물을 산화시키지는 못한다. 염소(Cl_2)기체는 물에 용해되어 염소수를 만드는데 이 염소수에서 염소분자는 강산인 HCl(염산, 강산으로 물속에서 H^+와 Cl^-로 완전해리)과 약산인 차아염소산(HOCl)으로 분해된다. 이 반응은 수처리의 '염소소득' 공정에서 볼 수 있다.

$$Cl_{2(g)} + H_2O \rightleftharpoons Cl_{2(ag)} + H_2O \rightleftharpoons H^+_{(aq)} + Cl^-_{(aq)} + HOCl_{(aq)}$$

탄소는 물과 반응하여 수소기체를 생성할 수 있으나, 반응 수행을 위해서는 큰 에너지가 필요하다.

$$C_{(s)} + H_2O \rightleftharpoons CO_{(g)} + H_{2(g)}$$

8.5 물과 비금속산화물의 반응

비금속산화물인 이산화탄소, 질소산화물, 황산화물 등은 물에 녹거나 물과 반응하여 무기산을 생성한다. 이 무기산들은 물속에서 해리되어 산·염기 반응을 수행한다. 한편 비금속 산화물 중 이산화탄소와 NO_x, SO_x 등은 연소과정에서 발생하는 대기 조성 물질(오염물)로 대기 중의 수분이나 비, 안개, 구름 등의 물과 반응하여 무기산을 형성하고 해리함으로써 대기 환경이나 수 환경을 산성 상태로 변화시키기도 한다.

8.6 물과 유기화합물의 반응

일반적으로 유기화합물은 물과 잘 섞이지 않기 때문에 물이 반응물질로 직접 사용되는 경우는 유기반응 최종 생성물을 가수분해 시키는 경우 등에서 처럼 제한적이다.

(1) 물과 유기화합물

물과 유기화합물 간의 중요한 반응중 하나는 '수증기개질(steam reforming)'이다. 이는 천연가스나 석유원료에서 추출한 긴 사슬 분자와 같은 탄화수소를 물과 반응시켜 수소기체는 얻는 반응으로, 이 공정은 현재 가장 광범위하게 이용되는 수소생산 방법이다. 긴 사슬 탄화수소(탄소수 10이상)는 사전 개질을 통해 고온(450-500 ℃), 고압(25-30 atm)에서 메테인(CH_4)이나 일산화탄소(CO), 이산화탄소(CO_2), 수소(H_2) 또는 짧은 탄화수소(예: 헵테인 C_7H_{16})등으로 전환된다. 이물질들은 다시 촉매(예: Ni) 존재하에 800-900 ℃, 25-30 atm 반응조건에서 수소기체를 생성한다. 수소를 생산하는 수증기개질 반응은

$$CH_4 + H_2O \rightleftharpoons CO + H_2$$

$$CO + H_2O \rightleftharpoons CO_2 + H_2$$

$$C_7H_{16} + 7H_2O \rightleftharpoons 7H_2O + 7H_2$$

헵테인의 두 반응을 더하면 총반응은

$$C_7H_{16} + 14H_2O \rightleftharpoons 7CO_2 + 22H_2$$

(2) 알코올생산

발효에 의해 알코올을 생산하는 것은 잘 알려져 있다. 한편 석유화학제품인 에텐(C_2H_4)을 물과 반응시켜 (수화: hydration)에탄올을 대량으로 합성하는 방법이 19세기 초부터 이용되고 있다. 에탄올 이외에 긴 사슬 알코올도 알켄수화 반응으로 합성한다.

이동석　　• 뮌헨공과대학교 화학생물지질학부 이학박사

　　　　　• (현) 강원대학교 환경공학과 교수

기본 수질화학

1판 1쇄 인쇄　2019년 09월 05일
1판 1쇄 발행　2019년 09월 10일
저　　자　이동석
발 행 인　이범만
발 행 처　**21세기사** (제406-00015호)
　　　　　경기도 파주시 산남로 72-16 (10882)
　　　　　Tel. 031-942-7861　　Fax. 031-942-7864
　　　　　E-mail : 21cbook@naver.com
　　　　　Home-page : www.21cbook.co.kr
　　　　　ISBN 978-89-8468-845-2

정가 16,000원